Die Bibliothek der Technik
Band 34

Digitale Längen- und Winkelmeßtechnik

Positionsmeßsysteme für den Maschinen- und Gerätebau

Alfons Ernst

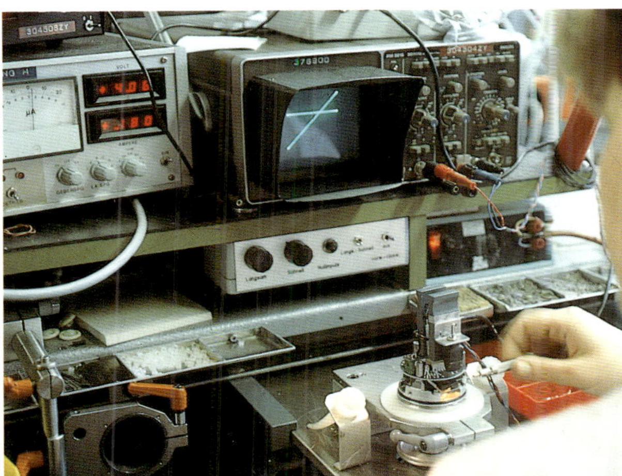

verlag moderne industrie

Dieses Buch wurde mit fachlicher Unterstützung
der DR. JOHANNES HEIDENHAIN GmbH erarbeitet.

Das Foto auf S. 1 zeigt die Endjustage
eines inkrementalen Drehgebers.

Zweite, überarbeitete Auflage, 1991

Abbildungen: Nr. 1 Carl Cloos Schweißtechnik GmbH, Haiger,
Nr. 20 MAHO AG, Pfronten
Alle übrigen: DR. JOHANNES HEIDENHAIN GmbH, Traunreut.
Papier: Feldmühle ›MediaPRINT‹ seidenmatt, 135 g/m²
Printed in Germany 930034
ISBN 3-478-93034-0

Inhalt

Was heißt Messen?

Meßgeräte – genauer, schneller, zuverlässiger

Zur Automatisierung von Produktionsvorgängen sowie von Prüf- und Sortiereinrichtungen benötigt man Meßsysteme, die der numerischen Steuerung die Bewegung der Schlitten, die Drehung von Tischen, die Schwenkbewegung von Armen usw. rückmelden. Dabei steigen die Anforderungen, die an die Meßgeräte gestellt werden, in bezug auf Genauigkeit, Geschwindigkeit, Zuverlässigkeit, Meßbereich usw. von Jahr zu Jahr weiter an. Der Konstrukteur einer Meß- oder Fertigungseinrichtung wird aber nur dann optimale Ergebnisse erzielen, wenn er aus dem großen Angebot an Meßgeräten für seinen Bedarf das geeignetste Gerät auswählen kann. Die vorliegende Schrift soll ihm helfen, sich auf dem Gebiet der digitalen Längen- und Winkelmeßtechnik zurechtzufinden.

Deshalb werden im folgenden die gebräuchlichsten digitalen *Längen- und Winkelmeßsysteme* beschrieben, die heute an Werkzeugmaschinen, an Meßmaschinen und anderen Einrichtungen zur Erfassung der Ist-Position dienen.
Die Auswahl ist auf Geräte beschränkt, die für eine hohe Auflösung – in der Größenordnung von 0,001 mm bzw. 0,001° und feiner sowie für einen großen Meßbereich – in der Größenordnung von 100 mm und darüber – geeignet sind.

Definitionen

Messen einer Länge oder eines Winkels heißt, eine Länge oder einen Winkel als Vielfaches einer Einheit durch Vergleich mit einem Normal zu ermitteln [1,2,3,4].

Einheit der Länge

Die Einheit der *Länge* ist das *Meter,* definiert als die Länge der Strecke, die Licht *im Vakuum* während der Dauer von 1/299792458 Sekunden durchläuft [1].

Abb. 1
Schweißroboter mit inkrementalen Drehgebern zur Erfassung der Bewegungen

In der Praxis der Meß- und Automatisierungstechnik ist die Länge nach dieser Definition nicht meßbar.
Es gibt jedoch ausreichend genaue Sekundärstandards, wie die Wellenlänge des Helium-Neon-Lasers, die in käuflichen Laser-Interferometern sehr genau (in Vakuum auf 10^{-7} bis 10^{-8}) stabilisiert ist und dem Meßtechniker zumindest als Vergleichsnormal zur Verfügung steht.
In der Praxis der Längen- und Winkelmeßtechnik haben sich außerdem als Normale Maßstäbe bewährt, die mit hoher Genauigkeit (bis etwa $1\,\mu m/m = 10^{-6}$) hergestellt werden.

Einheit des Winkels

Die Einheit des *Winkels* ist der *Radiant*; das ist der Winkel, für den das Längenverhältnis Kreisbogen zu Kreisradius den Zahlenwert 1 besitzt.
In der Meßtechnik ist die Unterteilung des *Vollwinkels* von Bedeutung, vor allem der Grad, der 360. Teil des Vollwinkels. Die Minute (der 60. Teil eines Grads) und die Sekunde (der 60. Teil der Minute) werden in der Meßtechnik

zunehmend von den dezimalen Bruchteilen des Grads verdrängt.
In letzter Zeit gewinnen Bruchteile des Vollwinkels in Potenzen von 2 an Bedeutung ($360°/2^n$), da man Winkelwerte in diesen Einheiten leicht im Rechner verarbeiten kann.

Digital messen

Digital Messen heißt, daß der Meßgröße – der Länge oder dem Winkel – durch die Meßeinrichtung eine Ausgangsgröße zugeordnet wird, die eine mit fest gegebenen Schritten quantisierte Abbildung der Meßgröße ist.

Normale

Die meisten digitalen Längen und Winkelmeßgeräte basieren auf Normalen mit einer periodischen Struktur; durch Ausnutzung verschiedener physikalischer Prinzipien werden periodische elektrische Signale abgeleitet, aus denen der quantisierte Wert, der digitale Meßwert, gebildet wird.

Meßgerät

Das *Meßgerät* wird auch als Sensor, Aufnehmer oder Wandler bezeichnet, der den Weg bzw. den Winkel in ein elektrisches Signal umsetzt.

Meßsystem

Unter *Meßsystem* versteht man dagegen die gesamte Meßkette, die z. B. aus Maßstab, Abtastkopf, Interpolations-Elektronik und Zähler besteht, oder bei Winkelmessung aus Kupplung, Drehgeber, Interpolator und Zähler. Interpolations-Elektronik und Zähler können auch in eine Steuerung integriert sein. Mißt man die Länge z. B. über eine Spindel, so besteht das Längenmeßsystem aus Spindel, Mutter, Kupplung, Drehgeber und Zähler, wobei Spindel und Mutter auch zum Antrieb dienen können.
Längenmeßsysteme werden häufig auch als Linearmeßsysteme oder *Wegmeßsysteme* bezeichnet.

Einteilung der Meßsysteme

Man kann die digitalen Längenmeßsysteme nach dem *physikalischen Meßprinzip*, das ihrer Funktion zugrunde liegt, einteilen oder auch nach dem *Meßverfahren*, d. h. nach der Art, wie die elektrischen Signale erzeugt und weiter verarbeitet wer-

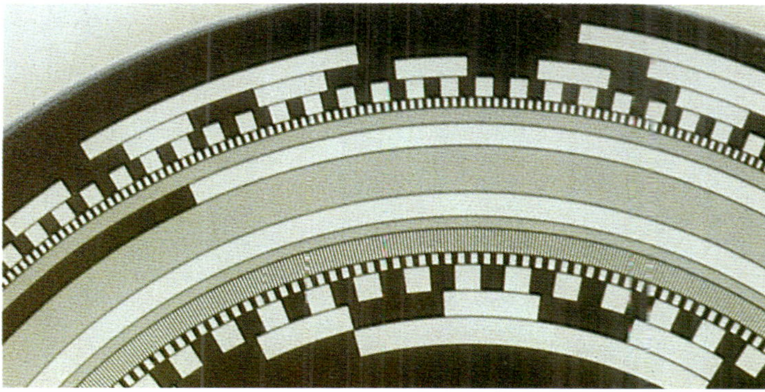

Abb. 2:
Ausschnitt aus einer Code-Teilung mit einem mehrstufigen Gray-Code, für Auflösung 17 Bit (ca. 10")

den. Weitere Unterscheidungsmerkmale sind durch die Bauarten und die Schutzarten gegeben.
Die Bauart hängt im wesentlichen von der verwendeten Maßverkörperung ab. So kann z. B. ein Maßstab als Maßverkörperung zusammen mit einem Abtastkopf oder eine Spindel zusammen mit einem Drehgeber verwendet werden.
Je nach der geplanten Verwendung und dem dabei zu erwartenden Verschmutzungsgrad ist eine unterschiedliche *Schutzart* erforderlich.

Gekapselte Meßgeräte sind gut gegen Verschmutzung geschützt und leicht zu montieren. *Offene Meßgeräte* dagegen sind meist genauer, aber schwieriger anzubauen als gekapselte Systeme und müssen ggf. vom Maschinenhersteller selbst gegen Verschmutzung und Beschädigung geschützt werden.

Unterscheidung nach Meßverfahren

Schließlich wird auch nach dem Meßverfahren unterschieden:

▷ *Inkrementale Meßgeräte* erzeugen Signale, die zur schrittweisen Vergrößerung (Inkrementierung) oder Verminderung des Meßwertes in der angeschlossenen Elektronik dienen.
▷ *Code-Meßsysteme* übergeben einen Codewert, der die jeweilige absolute Position des Schlittens unmittelbar angibt.

Meßprinzipien und Meßverfahren

Inkrementales Meßverfahren

Photoelektrisches Meßprinzip

Die meisten digitalen Längen- und Winkelmeßgeräte nutzen das *photoelektrische Meßprinzip,* gelegentlich auch *Moiré-Prinzip* genannt.

Grundlagen

Bringt man einen Glasmaßstab mit einer Gitterteilung, die aus lichtundurchlässigen Strichen und lichtdurchlässigen Zwischenräumen mit einem Strich-Lücke-Verhältnis von 1:1 besteht, in Kontakt mit einer gleichartigen Teilung, wobei die Teilstriche etwa parallel zueinander ausgerichtet sind, so beobachtet man Moiré-Effekte, d. h. Streifenmuster wie bei Interferenzerscheinungen. Verschiebt man gleiche, parallel ausgerichtete Teilungsmuster gegeneinander, so erkennt man periodische Helligkeitsschwankungen, die man durch photoelektrische Sensoren in entsprechende elektrische Signale umsetzen kann. Man kann auf diese Art sehr feine Teilungen verwenden, die innerhalb sehr enger Toleranzen herstellbar sind. Zudem wird bei der Ablesung das Meßsignal durch Integration über eine große Anzahl von Strichen gebildet, so daß geringe Unvollkommenheiten der Teilung das Meßergebnis nicht beeinflussen und somit die Meßgenauigkeit und Zuverlässigkeit erhöht wird.

Funktion

Abbildung 3 zeigt das Funktionsprinzip einer Meßanordnung mit einem Glasmaßstab, das als *Durchlicht-Prinzip* bezeichnet wird [5].

Die Abtastplatte A ist in geringem Abstand zum Maßstab M angeordnet. Ein paralleles Lichtbündel, das von einer Lichtquelle L und einer Kondensorlinse K erzeugt wird, fällt durch die vier Abtastfelder der Abtastplatte auf den Maßstab und von dort auf die Photoelemente P, die den

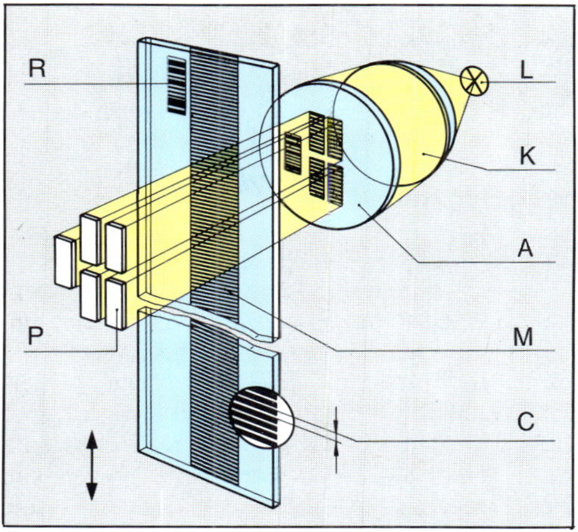

Abb. 3:
Photoelektrisches Meßprinzip mit Glasmaßstab (Durchlicht-Prinzip)
A Abtastplatte,
M Maßstab,
L Lichtquelle,
K Kondensorlinse,
P Photoelement,
C Teilungsperiode,
R Referenzmarke

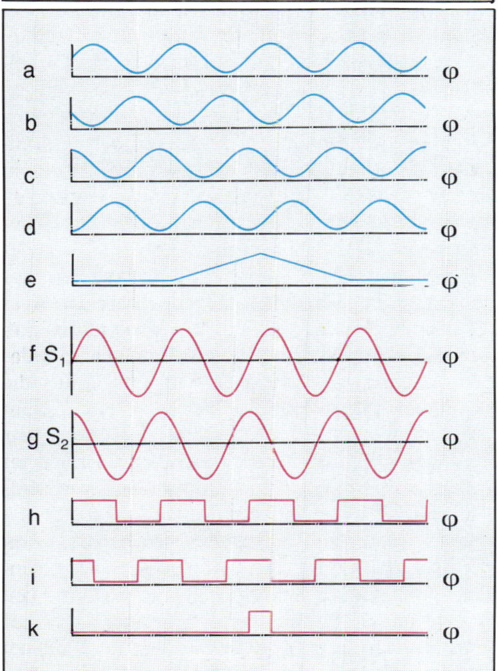

Abb. 4:
Signale beim inkrementalen photoelektrischen Meßprinzip
a bis d Signale der Photoelemente,
f, g Abtastsignale,
h, i Rechtecksignale,
e Referenzsignal,
k Referenzsignal mit Signalen h, i verknüpft.

einzelnen Abtastfeldern zugeordnet sind. Bei Bewegung des Maßstabs relativ zur Abtastplatte entsteht in einem Photoelement ein Signal, wie in Abb. 4a dargestellt, also ein sinusförmiges Signal, dem ein Gleichstromsignal überlagert ist. Im zweiten Feld der Abtastplatte ist die Teilung genau um eine halbe Periode versetzt angeordnet. Das entsprechende Photoelement erzeugt daher ein elektrisches Signal (b), das zum ersten um 180° phasenverschoben ist. Schaltet man beide Photoelemente in Differenz, so wird das Gleichstromsignal eliminiert und man erhält ein nullsymmetrisches, sinusförmiges Signal S_1, das im folgenden als Abtastsignal bezeichnet wird (f).

Analoge Signale im Photoelement

In gleicher Weise wird von den beiden übrigen Feldern und den zugeordneten Photoelementen ein zweites Abtastsignal S_2 gebildet, das zum ersten um eine viertel Periode, also um 90°, phasenversetzt ist (g).

Für die beiden Abtastsignale kann man setzen:

$$S_1 = A_o \cdot \sin \varphi$$

und $S_2 = A_o \cdot \cos \varphi$.

mit $\varphi = 2\pi \cdot x/C$, wobei x = Weg und C = Signalperiode.

Umwandlung in Rechtecksignale

Wandelt man diese Signale mit Hilfe von Komparatoren in Rechtecksignale (h und i), so ergeben sich zwei um 90° zueinander phasenverschobene Folgen von Rechtecksignalen. Diese werden einem Zähler zugeführt, in dem zunächst aus den Signalflanken Zählimpulse abgeleitet werden. Gleichzeitig werden die Signale an einen Richtungsdiskriminator geführt, der die Zählrichtung bestimmt und die Zählimpulse auf den Plus- oder Minus-Eingang eines Vor-Rückwärts-Zählers leitet. Das Zählergebnis entspricht dem Verschiebeweg und kann in einer Anzeige dargestellt sowie einem Rechner oder einer Steuerung zugeführt werden.

Zählen der Impulse

Das Verfahren zur Ermittlung des Verschiebeweges durch Auszählen von Impulsen oder Meßschritten nennt man *inkrementales Meßverfahren*.

In den meisten Fällen ist aber die Auflösung, die bei direkter Umwandlung der Abtastsignale in Rechtecksignale erzielt werden kann, nicht ausreichend.

Feinste Teilung 10 µm

Die feinste üblicherweise verwendete Teilungsperiode liegt bei 10 µm. Noch feinere Teilungen mit z. B. 4 µm Periode könnten zwar hergestellt, jedoch nach dem Moiré-Prinzip nicht mehr sicher abgetastet werden, da wegen der Beugungseffekte an den Teilungsgittern sehr enge Abstandstoleranzen einzuhalten wären.

Man führt daher die Abtastsignale zunächst einer Interpolations-Elektronik zu, in der die Frequenz der Abtastsignale vervielfacht wird. Die dafür angewendeten Verfahren werden im Abschnitt Interpolation näher beschrieben.

Eine Variante des *photoelektrischen Meßprinzips* ist das *Auflichtprinzip*, das in Abbildung 5 dargestellt ist. Anstelle eines Glasmaßstabs wird dabei ein Stahlmaßstab verwendet, dessen Tei-

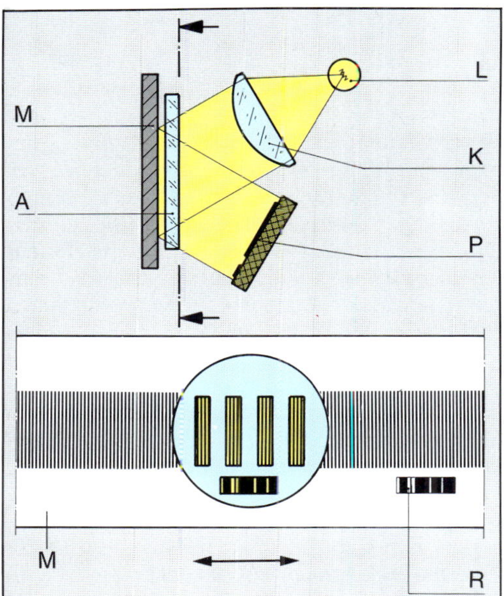

Abb. 5
Photoelektrisches Meßprinzip mit Stahlmaßstab (Auflicht-Prinzip)
A Abtastplatte,
M Maßstab,
L Lichtquelle,
K Kondensorlinse,
P Photoelement,
R Referenzmarke

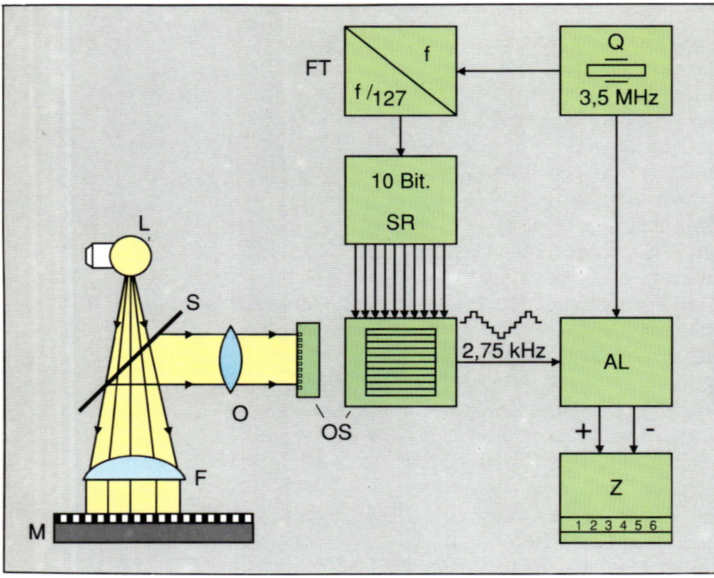

Abb. 6: Photoelektrisches Meßprinzip mit dynamischer Abtastung (Philips) M Maßstab, L Lichtquelle, F Feldlinse, S halbdurchlässiger Spiegel O Objektiv, Q Quarzoszillator, OS Optoscanner (Photodioden-Array), FT Frequenzteiler, SR Schieberegister (Ringzähler), AL Auswertelogik, Z Zähler

lung aus reflektierenden Strichen und lichtabsorbierenden Lücken oder aus gerichtet reflektierenden Strichen und diffus reflektierenden Lükken gebildet wird. Da das Licht dreimal an einer Teilung gebeugt wird, können im Auflicht nach dem Moiré-Prinzip nur Teilungen mit 40 µm Periode oder größer gut abgetastet werden.

Das *photoelektrische Meßprinzip* kann auch mit *abbildenden Verfahren* und mit einer *dynamischen Abtastung* kombiniert werden. Abbildung 6 zeigt eine Anordnung, bei der eine relativ grobe Teilung auf ein Array von Photodioden abgebildet wird [9]. Daraus werden zwei im Gegentakt angeordnete Gruppen gebildet, die zyklisch so weitergeschaltet werden, daß am Ausgang ein Wechselspannungs-Signal mit der Frequenz f_0 entsteht, wenn der Maßstab zur Abtasteinheit stillsteht. Bewegt man den Maßstab, so ändert sich die Phase dieses Signals, je nach Bewegungsrichtung nach Plus oder Minus, relativ zu dem Signal, das die Fortschaltung der

Dioden bewirkt. Eine elektrische Schaltung, die die Phase digital auswertet, bestimmt jenen Bruchteil einer Teilungsperiode, welcher der Maßstabverschiebung entspricht.
Eine Schaltung zur Phasenauswertung wird im Abschnitt *Interpolatoren* beschrieben.

Induktives Meßprinzip

Erste Anwendung Resolver

Die älteste Anwendung des induktiven Meßprinzips ist wohl der Resolver. Er besteht im Prinzip – wie in Abbildung 7 schematisch gezeichnet – aus drei Spulen, von denen zwei stationär angeordnet sind (Statorspulen S) und eine drehbar (Rotorspule R), wobei der Kern, auf den die Spule gewickelt ist, senkrecht zur Drehachse steht. Die drehbare Spule wird über Schleifringe oder über einen Übertrager T mit Wechselstrom gespeist. Der Übertrager besteht aus zwei konzentrisch zur Drehachse angeordneten Spulen, wobei die Primärspule im Stator steht und die Sekundärspule mit dem Rotor dreht. Der Kern des Rotors, das Joch des Stators und die Schalen des Übertragers sind in der Schemazeichnung weggelassen.
Der Wechselstrom durch die Rotorspule induziert nun in den Statorspulen eine Wechselspannung gleicher Frequenz, aber mit einer Ampli-

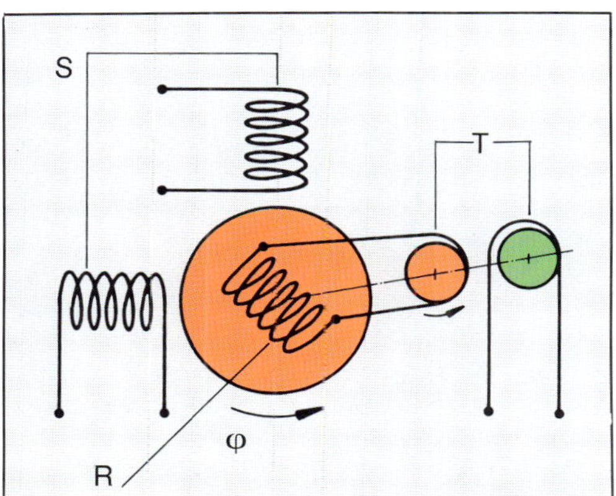

Abb. 7: Induktives Meßprinzip (Resolver) R Rotorspule, S Statorspule, T Übertrager

tude, die vom Drehwinkel abhängt, da sich die Kopplung des Übertragers Rotorspule – Statorspule mit der Rotordrehung periodisch verändert, und zwar in den beiden Statorspulen um 90° phasenversetzt.

Signalauswertung

Die Auswertung der Signale der beiden Empfängerspulen erfolgt meist nach einem Amplituden-Auswerteverfahren, das einen hohen Interpolationsgrad ermöglicht (siehe *Interpolation*).

Es können jedoch auch in die Statorspulen zwei um 90° phasenversetzte Wechselströme eingespeist werden. In der Rotorspule entsteht dann ein Wechselspannungssignal mit konstanter Amplitude, dessen Phase sich relativ zur Phase des Speisestroms einer Statorspule bei Drehung des Rotors kontinuierlich ändert. Für die Interpolation wird dann ein Phasen-Auswerteverfahren benutzt.

Der *Resolver* stellt in Verbindung mit einer geeigneten Auswerteschaltung innerhalb einer Umdrehung ein *absolutes Meßsystem* dar. Die meisten Interpolatoren haben aber wahlweise auch eine inkrementale Schnittstelle, die in Verbindung mit üblichen Steuerungen häufig verwendet wird.

Inductosyn

Die wohl bekannteste Anwendung des *induktiven Meßprinzips* ist das *Inductosyn*. Es ist als Abwicklung eines Resolvers in ein Linear-Meßsystem zu verstehen. Wie Abbildung 8 zeigt, besteht der Inductosyn-Maßstab aus einer mäanderförmigen Teilung, die man sich als Windungen einer Spule vorstellen kann. Die Abtastplatte, auch Reiter oder Slider genannt, trägt ein ebensolches mäanderförmiges Teilungsmuster.

Teilung mäanderförmig

Liegen sich die Leiterbahnen dieser beiden Teilungen exakt gegenüber, wird durch einen in den Windungen des Maßstabs fließenden Wechselstrom mit der Trägerfrequenz f ein maximales Signal in den Windungen des Sliders induziert. Liegen die Leiterbahnen des Sliders genau über der Lücke zwischen den Leiterbahnen des Maßstabs, wird kein Signal übertragen.

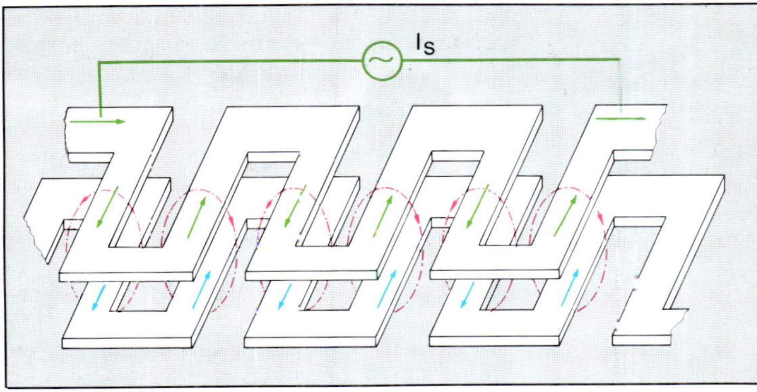

Die Abtastplatte weist zusätzlich ein zweites, um eine viertel Teilungsperiode versetztes Windungsmuster auf, so daß am Ausgang zwei Wechselspannungssignale gleicher Frequenz entstehen. Die Amplituden dieser Wechselspannungen verändern sich bei der Bewegung des Maßstabs sinusförmig. Zur Auswertung der Signale benutzt man die gleichen Verfahren wie bei Resolvern.

Abb. 8
Induktives Meßprinzip (Inductosyn)
I_s Speisestrom,
→ Speisestrom,
→ induzierter Strom,
magnetischer Fluß

Man kann das Inductosyn auch als zyklisch-absolutes Meßsystem verstehen, weil es innerhalb einer Teilungsperiode absolut auswertbar ist. Allerdings sind auch photoelektrische Meßsysteme zyklisch-absolut, da ihre Ausgangssignale innerhalb einer Periode ebenso absolut auswertbar sind.

Magnetisches Meßprinzip

Abbildung 9 zeigt ein Abtastverfahren, das nach dem *magnetischen Meßprinzip* arbeitet [10].
Ein permanentmagnetischer Maßstab wird dabei von einem Spulensystem mit einer Trägerfrequenz abgetastet.
Der Maßstab trägt abwechselnd entgegengesetzt magnetisierte Pole. Die Erzeugung eines elektrischen Signals erfolgt mit einem zweiarmigen Joch aus ferromagnetischem Material und drei

Spulen. Die beiden Erregerspulen werden mit Wechselstrom der Frequenz f_0 gespeist. In der Empfängerspule wird dadurch eine Wechselspannung induziert, deren Amplitude von der Stellung des Joches zur Magnetisierung des Maßstabs abhängt.

Entstehung der Abtastsignale

Stehen die beiden Schenkel des Jochs gerade einem Nord- und einem Südpol gegenüber (Abb. 9 rechts), so bewirkt das Magnetfeld des

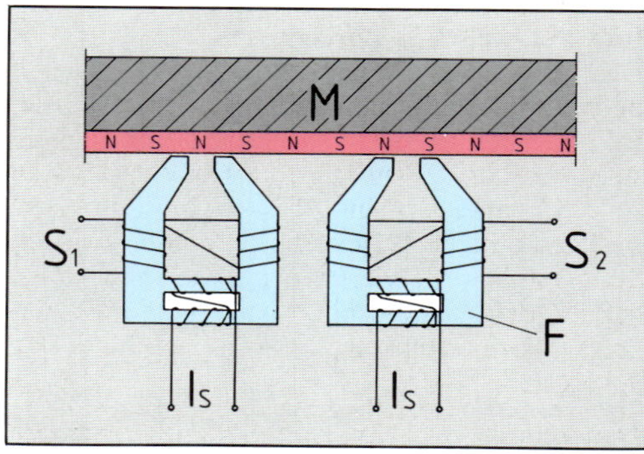

Abb. 9: Magnetisches Meßprinzip mit permanentmagnetischem Maßstab und Trägerfrequenzabtastung
M Permanentmagnetischer Maßstab, F ferromagnetisches Joch, S_1, S_2 Ausgangssignale, I_s Erregerstrom

Maßstabs einen magnetischen Fluß durch beide Arme des Jochs. Jede Halbwelle des Wechselstroms durch die Primärspulen ändert die Magnetisierung in den beiden durch die Primärspulen gehenden Armen des Jochs unterschiedlich, da das Material in dem Arm des Jochs, in dem der Strom die Vormagnetisierung verstärkt, früher in die Sättigung gelangt als im anderen. Beide Halbwellen erzeugen also eine Flußänderung durch die Empfängerspule. Dadurch wird eine Wechselspannung mit der doppelten Frequenz des Erregerstroms induziert.

Stehen die Polschuhe symmetrisch zu einem Magnetpol (Abb. 9 links), ist das Joch nicht vormagnetisiert, und der Arbeitspunkt liegt in beiden Armen des Jochs im Symmetriepunkt der Magnetisierungs-Kennlinie. Dadurch werden von der Erregerspule in beiden Armen entgegengesetzt gleiche magnetische Flüsse erzeugt, die sich

gegenseitig kurzschließen. In der Empfängerspule entsteht also in diesem Fall kein Signal.
Es sind zwei Abtasteinheiten versetzt angeordnet, die zwei Signale erzeugen, die um eine viertel Periode phasenverschoben sind. Beide Signale erfahren bei Bewegung des Maßstabs relativ zur Abtasteinheit eine Amplitudenmodulation, aus der die Bewegung wie bei Resolvern bestimmt werden kann.

Interferentielles Meßprinzip

Phasengittermaßstab

Das interferentielle Längenmeßgerät nach Abbildung 10 ist physikalisch gesehen ein Gitter-Interferometer mit einem Phasengitter als Maßstab. Auf die ebene, hochreflektierende Maßstaboberfläche sind im Abstand der Teilungsperiode eine halbe Periode breite rechteckförmige Stufen mit reflektierender Oberfläche aufgebracht, deren Höhe einem Viertel der Wellenlänge des zur Abtastung verwendeten Lichts (ca. 0,8 µm) entspricht.

Optisches Prinzip

Das optische Prinzip ist in der Abbildung sehr vereinfacht dargestellt [8]. Die von einer Halbleiter-Lichtquelle und einem Kondensor erzeugte ebene Welle, die durch die Normale auf die Wellenfront dargestellt ist, wird beim Durchgang durch das Abtastgitter A im wesentlichen in drei verschiedene Richtungen gebeugt. Am Phasengitter des Maßstabes M wird das Licht reflektiert und ein weiteres Mal gebeugt. Die Lichtbündel der 1. und der −1. Beugungsordnung enthalten dabei den Großteil der auf den Maßstab treffenden Energie. Sie treten wieder durch das Abtastgitter, werden dabei erneut gebeugt und kommen zur Interferenz. Die drei interferierenden Strahlenbündel gleicher Richtung werden von der Linse gesammelt und auf drei Photoelemente gebracht, welche die Intensitäten in elektrische Signale umwandeln.
Nun ist bekannt, daß sich bei einer an einem Gitter gebeugten Welle die Wellenfronten der ersten Beugungsordnung um die Phase $\pm\,\Omega$ ver-

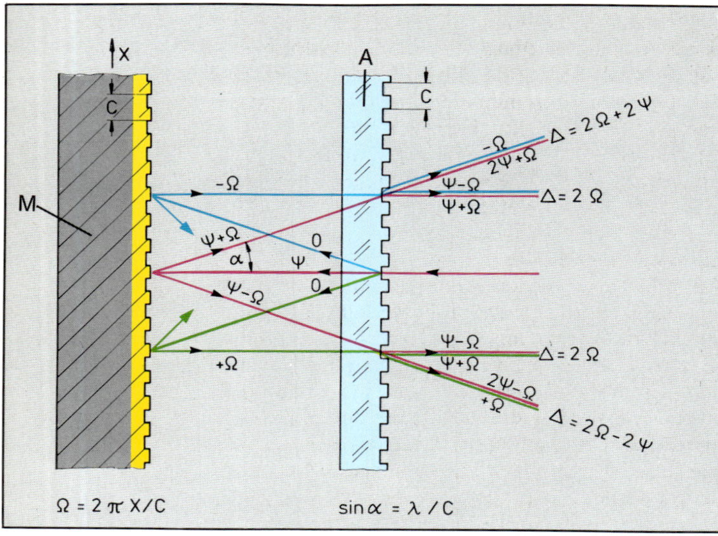

Abb. 10: Interferentielles Meßprinzip
A Abtastgitter (Phasengitter, das 3 Beugungsordnungen erzeugt),
M Maßstab (Phasengitter, das 2 Beugungsordnungen erzeugt),
Ω, ψ *Phasenänderung der Wellenfronten,*
Δ *Phasenunterschied der interferierenden Wellen*

schieben, wenn man das Gitter in der Gitterebene um einen Betrag x in Meßrichtung bewegt, wobei

$$\Omega = 2\pi \cdot x/C \text{ ist.}$$

Die Wellenfronten verschieben sich genau um eine Wellenlänge, wenn man das Gitter um eine Periode C verschiebt. Bei der +1. Ordnung, also in Richtung der Bewegung, beobachtet man eine Verschiebung der Wellenfronten nach Plus, also in Richtung des Lichts, und bei der −1. Ordnung nach Minus. Da sich nach einer Verschiebung des Maßstabs um eine Teilungsperiode die Wellenfronten der beiden Beugungsordnungen um je eine Wellenlänge nach Plus und Minus, relativ zueinander also um zwei Wellenlängen, verschoben haben, erhält man zwei Signalperioden je Teilungsperiode.
Durch geeignete Dimensionierung des Abtastgitters wird für eine unterschiedliche Phase der drei Interferenzsignale gesorgt (0, $+2\psi$, -2ψ). Aus den drei Interferenzsignalen werden in einer

elektrischen Schaltung zwei um eine viertel Periode zueinander phasenversetzte sinusförmige Signale gebildet, die dann wie die Abtastsignale der üblichen inkrementalen photoelektrischen Längen- und Winkelmeßgeräte weiter verarbeitet werden. Da interferentielle Abtastsignale weitgehend oberwellenfrei sind, kann die Teilungsperiode hoch unterteilt werden.

Laser-Interferometer

Teilung ist die Wellenlänge des He-Ne-Lasers

Anstelle eines körperlichen Maßstabs wird bei diesem Meßprinzip eine immaterielle Teilung, nämlich die Wellenlänge eines hochgenau stabilisierten Helium-Neon-Lasers benutzt. Neben dem Einmoden-Laser, der nur eine Frequenz aussendet, wird heute bevorzugt der Zweifrequenz-Laser verwendet. Er strahlt zwei Frequenzen f_1 und f_2 aus, deren Wellenlängen dicht oberhalb und unterhalb der Nennwellenlänge (im Vakuum $\lambda = 0{,}6329914\,\mu m$) liegen. Sie werden durch ein axiales Magnetfeld im Laserresonator erzeugt und sind unterschiedlich polarisiert. Abbildung 11 zeigt schematisch die Funktion des Interferometers [11].

Zunächst wird ein Teil des Laserstrahls ausgespiegelt und trifft auf die Photodioden P_1 und P_3. Sie erzeugen Signale S_1 und S_3 mit der Frequenz $f_1 - f_2$, die zur Regelung des Lasers dienen. Der Hauptstrahl trifft auf den polarisierenden Strahlenteiler PT. Er läßt die Welle mit der Frequenz f_1 durch und reflektiert die Welle mit der Frequenz f_2. Beide Teilstrahlen treffen auf die Reflektoren R_1 und R_2, auch Tripelspiegel (oder Corner Cube) genannt, die das Licht parallel zur Einfallsrichtung zurückwerfen. Im Strahlenteiler PT vereinigen sich die beiden Teilstrahlen wieder; durch einen nachgeschaltenen Analysator werden Anteile der senkrecht zueinander polarisierten Strahlenbündel zur Interferenz gebracht. Sie erzeugen in einer Photodiode P_2 bei stehendem Reflektor ein Wechselstromsignal S_2 der Frequenz $f_1 - f_2$. Bewegt man den Reflektor, so

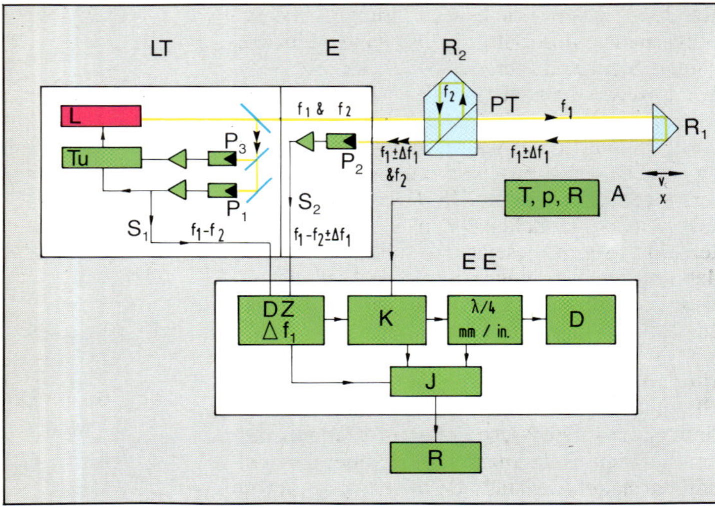

Abb. 11: Interferometrisches Meßprinzip (Laser-Interferometer)
L Laser,
LT Laser-Transducer,
Tu Tuner,
E Empfänger,
f_1, f_2 Frequenzen der beiden Lasermoden,
P_1, P_2, P_3 Photodioden,
PT polarisierender Strahlenteiler,
S_1, S_2 Signale,
DZ Differenz-Zähler,
EE Elektronik-Einheit,
A Aufnehmer für Luftparameter,
K Kompensationsrechner, D Display,
I Interface, R Rechner

ändert sich die Phase zwischen den Signalen S_1 und S_2. Bei Bewegung des Reflektors mit der Geschwindigkeit v erfährt das Signal S_2 eine Frequenzverschiebung um $\Delta f_1 = 2v/\lambda$ 6λ = Laser-Wellenlänge), die man auch als Doppler-Verschiebung bezeichnet. Die Signale S_1 und S_2 werden einem Differenzzähler zugeführt. Das Zählergebnis entspricht der Bewegung des Reflektors, wobei ein Meßschritt eine viertel Wellenlänge, also ca. 0,16 µm, beträgt. Durch Vervielfachung der Signalfrequenz z. B. mittels einer Phasenauswerte-Schaltung sind auch noch kleinere Meßschritte möglich.

Referenzmarken

Inkrementale Meßgeräte erhalten durch einen einzelnen sog. Referenzimpuls einen absoluten Bezug. Dazu können bei photoelektrischen Geräten neben der periodischen Teilung eine (oder mehrere) Referenzmarken angebracht werden. Die Referenzmarke besteht aus einem einzigen Teilungsstrich oder aus einer unregelmäßigen

(Random-)Teilung, die bei Abtastung mit einem identischen Abtastgitter nur eine einzige, schmale Signalspitze erzeugt (Abb. 4e). Sie wird in ein Rechtecksignal umgeformt und mit den beiden Inkremental-Signalen zu einem 1 Meßschritt breiten Impuls verknüpft (Abb. 4k). Diesem Meßschritt kann ein bestimmter Positionswert zugeordnet werden. Wird dieser Wert nach dem Wiedereinschalten beim Überfahren der Referenzposition gesetzt, so entspricht jeder Meßposition des inkrementalen Meßsystems wieder der gleiche Wert wie vor dem Ausschalten.

Abstandscodierte Referenzmarken

Allerdings ist es oft ungünstig, wenn nach dem Einschalten große Wege gefahren werden müssen, um den Referenzimpuls zu übernehmen. Man hat daher Maßstäbe mit einer Vielzahl von Referenzmarken ausgestattet, die in der gleichen Spur hintereinander liegen, jedoch nicht in gleichem Abstand voneinander: durch Variation des Abstands zwischen zwei benachbarten Referenzmarken jeweils um eine Teilungsperiode erhält man eine eindeutige Codierung der Position. Abbildung 12 zeigt das Schema. Sobald zwei benachbarte Referenzmarken überfahren sind und deren Abstand durch Auszählen der dazwischen liegenden Perioden der Inkrementaltei-

Abb. 12: Abstandskodierte Referenzmarken (Schema); Beispiel für Maßstab mit Teilungsperiode 20 µm, Maße in Millimeter

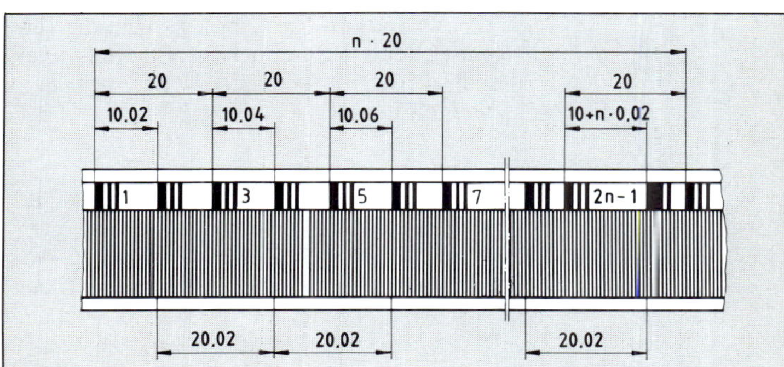

lung ermittelt wurde, ergibt sich die absolute Position durch eine einfache Rechnung.

Code-Meßverfahren

Im Gegensatz zum inkrementalen Meßverfahren steht beim Code-Meßverfahren der Wert für die momentane Position unmittelbar nach dem Einschalten zur Verfügung. Der Meßwert wird – ohne Zähler – direkt von einer Teilung abgelesen. Heute werden praktisch nur noch Binär-Codes verwendet, der Dual-Code oder der Gray-Code (Abb. 13). Beim Dual-Code können mehrere Signale gleichzeitig wechseln. Auf Grund der unvermeidlichen Fluchtungsabweichungen zwischen den Signalflanken können falsche Informationen entstehen. Dies läßt sich mit einer Logik vermeiden: man ordnet dazu in jeder Spur

Abb. 13: Code-Arten (Schema) a) Dual-Code, b) Gray-Code, c) V-Abtastung: A_n, B_n vor- bzw. nacheilende Abtaststellen

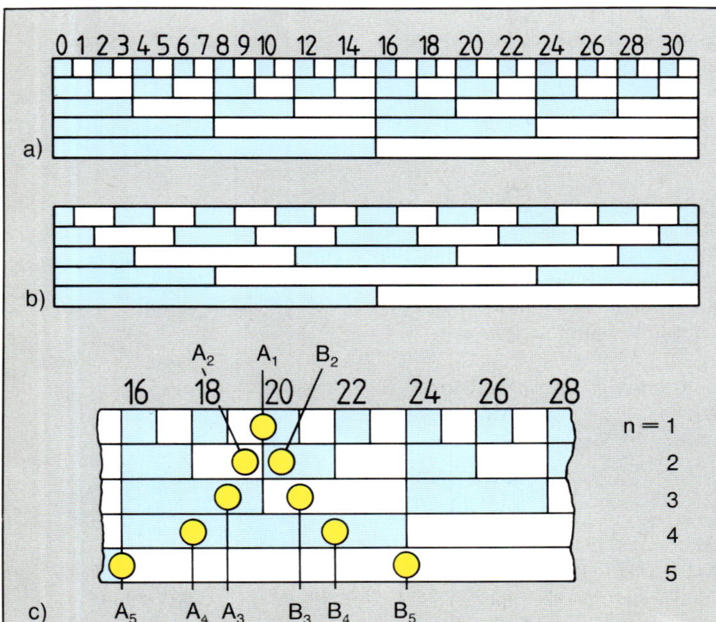

n zwei Ablesestellen A_n und B_n an (außer in der Spur 1 mit der feinsten Teilung) und schaltet die Signale aus jeder Spur z. B. von A_n auf B_n, wenn in der nächstfeineren Spur das Signal von 0 auf 1, d. h. von A_{n-1} auf B_{n-1} gewechselt ist und umgekehrt. Da die Toleranzen von den feineren zu den gröberen Spuren zunehmen, nennt man die Schaltung V-Logik.

Schaltung: V-Logik

Eine andere Lösung besteht in der Verwendung eines einschrittigen Codes, bei dem pro Meßschritt immer nur ein Signal wechselt. Der einfachste einschrittige Code ist der Gray-Code; ein Gray-Code-Signal kann durch eine Logik-Schaltung leicht in ein Dual-Code-Signal umgewandelt werden und umgekehrt.

Interpolation

Je nach den Ausgangssignalen, die bei dem jeweiligen Abtastverfahren entstehen, wendet man unterschiedliche Interpolationsverfahren an:

Verfahren je nach Ausgangssignal

Statische Abtastung
Die Abtastsignale haben die Form:

$$S_1 = A_0 \cdot \sin \varphi$$
und $$S_2 = A_0 \cdot \cos \varphi,$$
mit $\varphi = 2\pi \cdot x/C$, x = Weg und C = Signalperiode.
A_0 = Amplitude des Stromes bzw. der Spannung

Der gesuchte Interpolationswert φ ist unabhängig von der Amplidude A_o, wenn man den Quotienten S_1/S_2 zur Auswertung heranzieht:

$$S_1/S_2 = \tan \varphi \text{ und}$$
$$\varphi = \arctan (S_1/S_2).$$

Beim häufig verwendeten Interpolationsverfahren mit Hilfsphasen werden aus den Signalen S_1 und S_2 die Signale S_{10}, S_{11}, S_{12} usw. gebildet, die zu S_1 um β, 2β, 3β usw. phasenverschoben sind

Interpolation mit Hilfsphasen

Abb. 14:
Signal-Interpolation mit Hilfsphasen
a) Phasendiagramm
b) Schaltungsausschnitt
c) Eingangssignale
d) Ausgangssignale mit fünffacher Frequenz der Eingangssignale
EO Exclusiv-Oder-Gatter

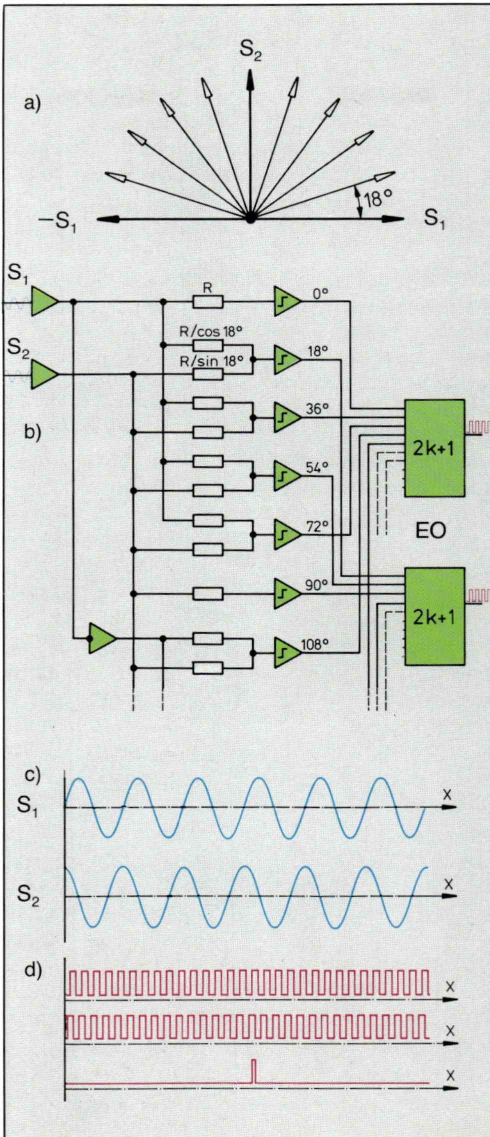

und deren Nulldurchgänge die gesuchten Interpolationswerte ergeben:

$$\begin{aligned} S_{10} &= S_1 = A_0 \cdot \sin \varphi, \\ S_{11} &= S_1 \cdot \cos \beta + S_2 \cdot \sin \beta \\ &= A_0 \cdot \sin (\varphi + \beta), \\ S_{12} &= S_1 \cdot \cos 2\,\beta + S_2 \cdot \sin 2\,\beta \\ &= A_0 \cdot \sin (\varphi + 2\,\beta) \qquad \text{usw.} \end{aligned}$$

Abbildung 14 zeigt einen Ausschnitt aus der Schaltung und das Phasendiagramm für eine Interpolation um den Faktor 5 mit $\beta = 18°$.
In dem gezeigten Beispiel werden 10 Signale mit den Phasen 0° bis 162° erzeugt. Sie werden von Komparatoren in Rechtecksignale umgeformt und von zwei Exklusiv-Oder-Elementen zu zwei Folgen von Rechtecksignalen zusammengefaßt. Die Ausgangssignale haben die fünffache Frequenz der Eingangssignale und sind um eine viertel Periode der erhöhten Frequenz zueinander phasenversetzt.
Der Abstand zwischen zwei aufeianderfolgenden Flanken dieser Signale entspricht einem Meßschritt. Er ist in diesem Fall 1/20 einer Teilungsperiode.
Nach dem gleichen Verfahren ist auch eine Signalvervielfachung um das 10fache oder um das 25fache möglich, wobei ein Meßschritt 1/40 bzw. 1/100 der Teilungsperiode entspricht.
Noch höher kann man mit digitalen Interpolationsverfahren unterteilen.

Digitale Interpolation

Abbildung 15a zeigt schematisch ein digitales Interpolationsverfahren mit Hilfe einer Tabelle. Die beiden sinusförmigen Abtastsignale S_1 und S_2 werden zunächst in Spannungen gewandelt, digitalisiert und auf die Adreßleitungen eines Speichers geleitet, dessen Ausgangswert dem Arcustangens des Quotienten S_1/S_2 entspricht. Um die üblichen Inkrementalsignale zu erhalten, ist eine Nachlaufschaltung vorgesehen: die von einem Pulsgenerator PG erzeugten Rechtecksignale werden im Zähler Z gezählt. Der Zählwert

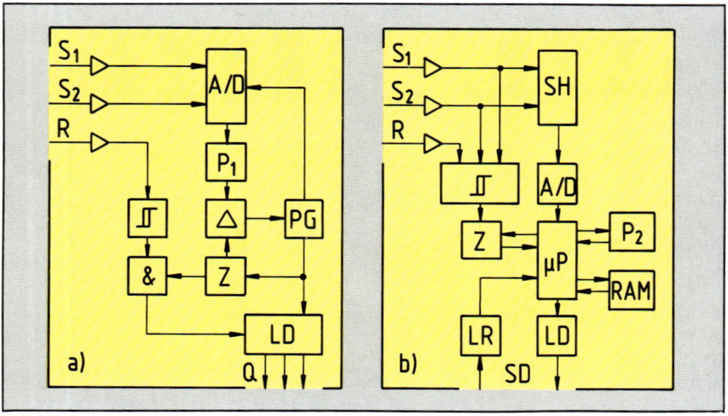

x′ wird im Differenzrechner △ mit dem Ausgang des Speichers, dem Interpolationswert x, verglichen. Der Ausgang x – x′ des Differenzrechners steuert den Pulsgenerator so, daß im eingeschwungenen Zustand x = x′ ist. Die Rechtecksignale mit der 25 oder 50fachen Frequenz der Eingangssignale werden am Ausgang zur Verfügung gestellt und erlauben eine 100 oder 200fache Unterteilung der Signalperiode.
Noch höhere Unterteilung bis zum Faktor 1024 erlaubt die digitale Auswerte-Elektronik, die in Abb. 15 b schematisch dargestellt ist. Der Mikroprozessor berechnet dabei den Quotienten S_1/S_2 und liest aus einer Tabelle den zugehörigen Arcustangenswert – den Interpolationswert – aus. Eine hohe Genauigkeit der Interpolation wird durch Korrektur von systematischen Fehleranteilen der Abtastsignale erreicht. Die Korrekturwerte sind positionsabhängig in einem RAM gespeichert.
Der Meßwert x, bestehend aus dem Zählwert und dem Interpolationswert, wird in diesem Fall als Codewert in serieller Form an eine Steuerung oder einen Rechner übertragen, da eine inkrementale Schnittstelle zu hohe Ausgangsfrequenzen zur Folge hätte.

Dynamische Abtastung (Phasen-Auswertung)

Die Abtastsignale sind zwei Wechselstromsignale mit der Frequenz f, wovon gewöhnlich eines durch den Meßwert x eine Phasenverschiebung $\varphi = 2\pi \cdot x/C$ (C = Signalperiode) bzw. durch die Geschwindigkeit v eine Frequenzverschiebung v/C erfährt. Die Signale haben die Form:

$$S_1 = A_1 \cdot \sin(\omega t + \varphi)$$
$$S_2 = A_2 \cdot \sin \omega t$$

mit $\omega = 2\pi \cdot f$.

$A_1 \ldots A_3$ Amplituden des Stromes bzw. der Spannung

Das Signal S_2 ist dabei durch Frequenzteilung von einem Signal S_3 mit einer n-fach höheren Frequenz erzeugt, oder es wird die höhere Frequenz S_3 durch eine Nachlaufschaltung von S_2 abgeleitet: $S_3 = A_3 \cdot \sin(n \cdot \omega t)$.

Ein Zähler bestimmt die Perioden des Signals S_3 während einer Periode des Signals S_1. Aus dem Zählergebnis Z ergibt sich die Verschiebung während eines Zyklus der erhöhten Frequenz zu

$$\Delta x = Z - n$$

und der Meßwert x durch Summierung aller Δx zu $x = \Sigma \Delta x$.

Ein Meßschritt entspricht C/n.

Entweder wird der Meßwert als Codewert ausgegeben oder inkremental, wobei eine Nachlaufschaltung die bei Inkrementalsystemen üblichen Rechtecksignale erzeugt.

Abb. 15 (gegenüber): Digitale Interpolationsverfahren a) mit Interpolations-Tabelle und Nachlaufeinrichtung b) mit Division und Arcustangens-Tabelle S_1, S_2 sinusförmige Abtastsignale, R Referenzsignal A/D Analog-digital-Wandler, P_1 Interpolationstabelle, Z Zähler, Δ Differenzrechner, PG Pulsgenerator, LD Leitungstreiber, Q inkrementale Rechtecksignale, SH Sample-and-Hold-Schaltung, µP Mikroprozessor, P_2 Arcustangens-Tabelle und Programmspeicher, RAM Speicher für Signalkorrektur, LR Leitungsempfänger, SD serielle Codewert-Übertragung

Abtastung mit Trägerfrequenz (Amplituden-Auswertung)

Amplitudenauswertung

Am Ausgang des Meßsystems stehen zwei gleichphasige Wechselstromsignale mit der Frequenz f zur Verfügung, deren Amplituden sich mit dem Meßwert sinusförmig verändern:

$$S_1 = A_0 \cdot \sin\varphi \cdot \sin\omega t \text{ und}$$
$$S_2 = A_0 \cdot \cos\varphi \cdot \sin\omega t,$$

mit $\varphi = 2\pi \cdot x/C$ und $\omega = 2\pi \cdot f$.

Die Interpolations-Elektronik (Abb. 16) enthält einen Impulsgeber VCO, dessen Impulse von

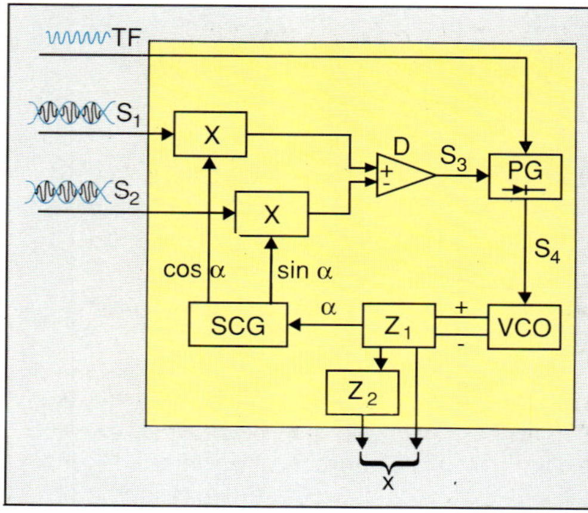

Abb. 16: Interpolation von Abtastsignalen mit Trägerfrequenz nach dem Amplitudenverfahren S_1, S_2 Abtastsignale, S_3, S_4 Differenzsignale, TF Trägerfrequenz, X Multiplizier-Schaltung, D Differenz-Schaltung PG phasenempfindlicher Gleichrichter, VCO spannungsgesteuerter Impulsgeber, Z_1, Z_2 Zähler, SCG Sinus-Cosinus-Generator, x Meßwert

einem Zähler Z_1 aufsummiert werden, so daß ein digitaler Wert α entsteht. Der Wert α wird einem Sinus-Cosinus-Generator SCG zugeführt, dessen Ausgänge $\sin\alpha$ und $\cos\alpha$ mit den Signalen S_1 und S_2 (analog) multipliziert werden. Durch Differenzschaltung entsteht dann das Signal S_3:

$$
\begin{aligned}
S_3 &= S_1 \cdot \cos\alpha - S_2 \cdot \sin\alpha \\
&= A_0 \cdot (\sin\varphi \cdot \cos\alpha - \cos\varphi \cdot \sin\alpha) \cdot \sin\omega t \\
&= A_0 \cdot \sin(\varphi - \alpha) \cdot \sin\omega t.
\end{aligned}
$$

Durch phasenrichtige Gleichrichtung erhält man daraus das *Fehlersignal* $S_4 = A_0 \cdot \sin(\varphi - a)$.

Dieses Signal steuert den Impulsgeber VCO so, daß der Zählwert α des Zählers Z_1 erhöht oder erniedrigt wird, bis die Signale S_3 und S_4 zu Null werden, d. h. bis $\varphi = \alpha$.

Der Zählwert α wird also dem Argument φ nachgeführt und stellt im eingeschwungenen Zustand des Regelkreises den Wert φ bzw. den gewünschten Interpolationswert von x dar.

Der positive oder negative Übertrag des Zählers Z_1 steuert einen zweiten Zähler Z_2 an, der die Anzahl der Signalperioden zählt. Beide Zähler zusammen ergeben den Meßwert x.

Alternativ können auch die Zählimpulse in Form der üblichen Inkrementalsignale am Ausgang bereitgestellt werden.

Wegmeßsysteme mit Maßstab als Maßverkörperung

Gekapselte photoelektrische Meßsysteme mit Glasmaßstab

An Werkzeugmaschinen sind inkrementale Wegmeßsysteme, die nach dem photoelektrischen Prinzip im Durchlichtverfahren und mit statischer Abtastung arbeiten, am weitesten verbreitet (s. S. 8). Abbildung 17 zeigt den Aufbau eines solchen Gerätes.

Schutz gegen Verschmutzung

Der Glasmaßstab M ist zum Schutz gegen Verschmutzung in ein Gehäuse G aus einem extrudierten Aluminium-Profil eingekittet, das mit elastischen Dichtlippen D nach unten verschlossen ist. Auch die Abtasteinheit A mit der Beleuchtung und den Photoelementen ist im Profil geschützt untergebracht. Der Maßstab hat eine Präzisionsteilung mit 20 µm Periode, die aus dünnen, im Hochvakuum aufgedampften Strichen aus Chrom besteht und sehr hart und verschleißfest ist.

Wegen der Beugung des Lichts an so feinen Gittern sind die Abstandstoleranzen sehr gering, so daß die Abtastplatte mit Hilfe eines kleinen Wagens W auf dem Maßstab geführt werden muß. Eine Kupplung K gleicht die unvermeidlichen Fluchtungsabweichungen zwischen dem Maßstab und dem Maschinenschlitten aus. Die Verbindung zum Maschinenschlitten erfolgt über das Schwert S, das auf dem Montagefuß sitzt. Es greift durch die Dichtlippen und ist so geformt, daß es die Dichtlippen nur wenig verformt und die Dichtwirkung kaum beeinträchtigt. Die elektrischen Leitungen führen durch das

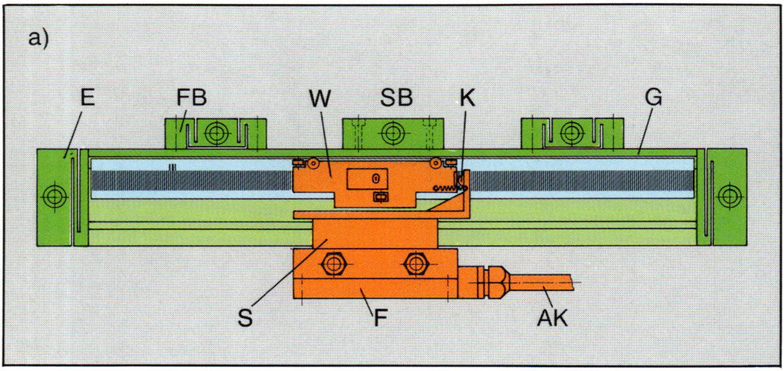

Abb. 17: Gekapseltes photoelektrisches Längenmeßgerät (Meßlänge bis ca. 3 m)
a) Längsschnitt (schematisch)
b) Querschnitt (schematisch)
W Abtastwagen,
L Lichtquelle,
KL Kondensor
A Abtastplatte
M Glasmaßstab,
P Photoelemente,
K Kupplung,
S Schwert,
F Montagefuß,
AK Ausgangskabel,
G Gehäuse,
D Dichtlippen,
SB starres Befestigungselement,
FB flexibles Befestigungselement,
E flexibles Endstück

Schwert und den Montagefuß über doppelt geschirmte Leitungen zur extern angeordneten Interpolations-Elektronik, die bis zu 50 m entfernt sein kann.

Als Beleuchtung dient eine Miniatur-Glühlampe, die in einer schockabsorbierenden Fas-

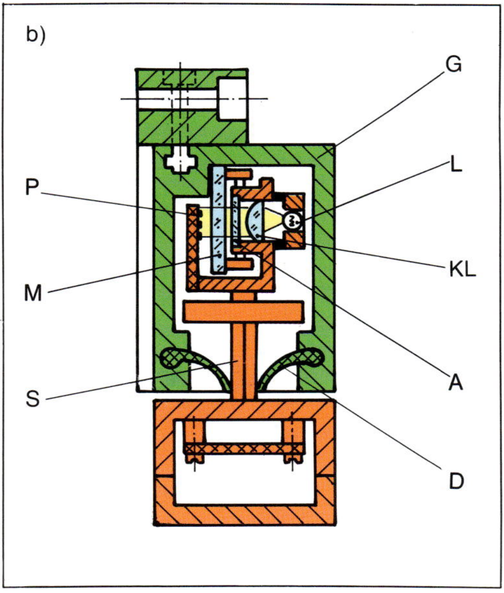

sung befestigt ist. Sie wird mit Unterspannung betrieben, wodurch eine hohe Lebensdauer zu erwarten ist (im Mittel über 100000 h). Zunehmend werden Halbleiter-Lichtquellen (LED) zur Beleuchtung verwendet. Die Lichtquelle und ein Kondensor erzeugen ein paralleles Lichtbündel, so daß sehr viele Teilungsstriche gleichzeitig abgetastet werden können: das Abtastsignal wird von über 100 Teilstrichen mit hoher Genauigkeit erzeugt.

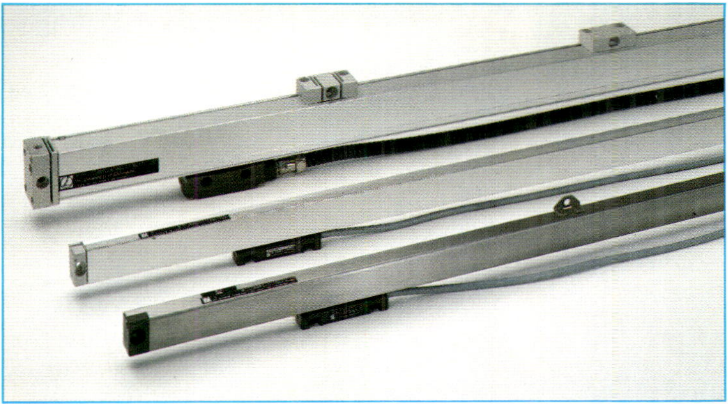

Abb. 18: Gekapselte photoelektrische Längenmeßgeräte
Oben: Standardgerät bis zu 3 m Meßlänge
Mitte: Gerät mit kleinen Abmessungen
Unten: Längenmeßgerät mit Stahlgehäuse mit kleinen Abmessungen und besonders hoher Genauigkeit

Um ein definiertes thermisches Verhalten des Systems zu sichern, wird der Maßstab mit einem elastischen Kitt im Profil befestigt, und das Profil wird beidseitig mit flexiblen Endstücken E mit der Maschine verbunden. Der thermische Ausdehnungskoeffizient des Maßstabs liegt damit nur geringfügig unterhalb des Wertes von Stahl. Zur Festlegung des Nullpunkts dient ein stabiler Befestigungsklotz SB in der Mitte des Maßstabs. Lange Profile werden zusätzlich längs des Maßstabs mit flexiblen Befestigungselementen FB abgestützt.Diese elastischen Elemente geben in Längsrichtung so weit nach, daß bei unterschiedlicher Dehnung des Profils gegenüber der Maschine bei Temperaturschwankungen keine gro-

ßen Kräfte entstehen, die den Maßstab verschieben könnten.
Die maximale Meßlänge ist 3 m. Jeder Maßstab trägt entweder nur eine Referenzmarke oder abstandscodierte Referenzmarken. Mit einer Frequenzerhöhung um Faktor 5 oder 10 und Vierfachauswertung der Signalflanken ergeben sich Meßschritte von 1 µm oder 0,5 µm. Die maximale Meßgeschwindigkeit ist dabei 30 m/min.

Mit höher unterteilenden Elektronik-Ausführungen sind Meßschritte bis 0,2 µm möglich. Die Meßabweichungen liegen in der höchsten Genauigkeitsklasse für jeden Maßstab-Abschnitt von 1 m innerhalb ± 3 µm.
Für kleinere Maschinen bis zu 2 m Verfahrweg eignet sich ein Meßgerät mit kleineren Abmessungen, das in Abbildung 18 Mitte zu sehen ist. Es entspricht im Aufbau und in den technischen Daten im wesentlichen dem größeren Gerät. Es verfügt über weichere Dichtlippen und wird wegen der geringeren Reibung und der hohen Genauigkeit auch häufig an Meßmaschinen und ähnlichen Geräten verwendet.
Eine Variante dieses Gerätes besitzt ein *Stahlgehäuse,* dessen besondere Vorzüge in dem ausgezeichneten thermischen Verhalten liegen (Abbildung 18).

Ein besonders präzises Wegmeßsystem, das auch in der Genauigkeitsklasse ± 2 µm gefertigt wird, zeigt Abbildung 19 oben.

Mechanische Korrektureinrichtung

Es enthält zusätzlich eine mechanische Korrektureinrichtung, mit der Maschinen-Führungsfehler kompensiert werden können. Alle 100 mm ist ein Korrekturpunkt vorgesehen, an dem der Meßwert bei der Vermessung der Maschine durch Drehen eines Exzenters E nach der Anzeige eines Referenz-Meßsystems korrigiert werden kann. Der Exzenter bewirkt im Inneren des Gerätes die Verstellung eines Korrekturlineals mit Gelenken an den Einstellpunkten. Ein kleiner Hebel, der auf dem Abtastwagen gelagert ist, tastet die Korrekturkurve ab, die zwischen den

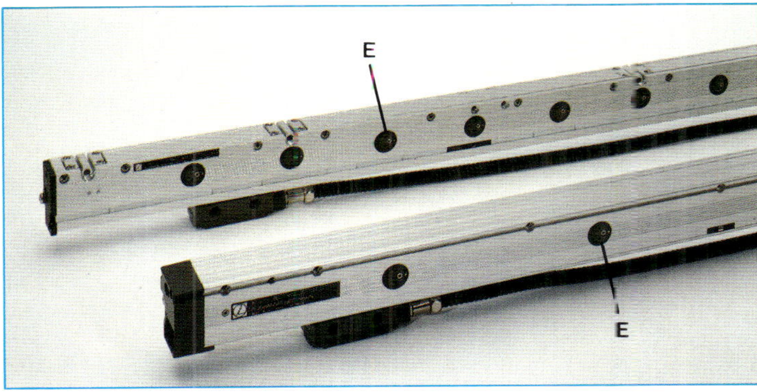

*Abb. 19:
Gekapselte photoelektrische Längenmeßgeräte mit mechanischer Korrektureinrichtung
Oben: für hohe Genauigkeit, Meßlänge bis 3 m
Unten: für große Meßlängen (bis 30 m),
E Exzenter zur Verstellung des Korrekturlineals*

Einstellpunkten linear verläuft und der gemessenen Fehlerkurve optimal angepaßt ist. Die Drehung des Hebels wird durch eine spielfreie Übersetzung in eine Relativbewegung zwischen Montagefuß und Abtastwagen in Meßrichtung umgesetzt.

Zur Wahl stehen abstandscodierte Referenzmarken oder eine einzelne Referenzmarke. Auf dem Maßstab sind Referenzmarken im Abstand von 50 mm angebracht, von denen eine von außen durch einen Permanentmagneten ausgewählt werden kann. Im Gerät sind längselastische Befestigungselemente integriert, die für einwandfreie Reproduzierbarkeit auch bei Temperaturänderungen sorgen. Meßschritte zwischen 1 µm und 0,2 µm sind üblich.

Ein weiteres Wegmeßsystem mit den gleichen Abmessungen und gleichen Befestigungselementen enthält einen Maßstab hoher Präzision mit 10 µm Teilungsperiode, mit dem 0,1 µm Meßschritte möglich sind. Eine speziell dafür entwickelte Halbleiter-Lichtquelle sorgt für genügend paralleles Licht, um die feine Gitterteilung problemlos abzutasten. Auf den mechanischen Korrekturmechanismus wurde dabei verzichtet, da moderne Steuerungen inzwischen in aller Regel über elektronische Verfahren zur Fehlerkompensation verfügen.

Gekapseltes photoelektrisches Meßsystem mit Stahlmaßband

Für Maschinen mit größeren Verfahrwegen ist ein photoelektrisches Meßgerät ausgelegt, das nach dem Auflichtverfahren (s. S. 11) arbeitet.

Für Verfahrwege bis 30 m

In Abbildung 19 unten ist dieses Längenmeßgerät zu sehen, das als Maßstab ein Stahlband mit einer präzisen Teilung mit Teilungsperiode 100 μm verwendet. Die Teilung wird durch hochreflektierende Goldstriche gebildet; zwischen den Goldstrichen ist die Oberfläche des Edelstahlbandes matt geätzt. Eine Halbleiter-Lichtquelle dient zur Abtastung der Teilung. Während das Gehäuse bei Längen über 3 m aus Teilstücken zusammengesetzt wird, bestehen Maßband und Dichtlippen aus einem Stück; sie werden erst bei der Montage an der Maschine in eine Nut des Gehäuses eingezogen.

Maßband aus Stahl

Das Stahlmaßband verhält sich thermisch genau wie ein Stahlwerkstück. Das thermische Verhalten dieses Meßsystems entspricht daher den Wünschen des Werkzeug- und Formenbauers. Das Maßband ist an einem Ende fest mit der Maschine verbunden, so daß die Dehnung des Alu-Profils keinen Einfluß auf den Meßwert hat. Das andere Ende wird über eine Feder gespannt; bei größeren Meßlängen wird dieses Ende nach Einstellung der richtigen Spannung auch an der Maschine geklemmt. Die Spanneinrichtung ist für eine Dehnung des Bandes um 150 μm/m konstruiert. Diese kann aber um ± 50 μm/m verändert werden, wodurch eine lineare Fehlerkompensation möglich ist. Nichtlineare Meßabweichungen können mit der eingebauten mechanischen Korrektureinrichtung kompensiert werden.

Max. Verfahrgeschwindigkeit 60 m/min.

Die maximal zulässige Verfahrgeschwindigkeit beträgt 60 m/min. Meßlängen von 30 m sind möglich. Als Auflösung wird meist 1 μm oder 0,5 μm gewählt.

Photoelektrisches Meßsystem mit dynamischer Abtastung

Abbildung 20 zeigt ein solches Gerät in offener Bauart, das nach dem beschriebenen dynamischen Abtastverfahren (s. S. 12) arbeitet. Der Maßstab besteht aus einer Glaslamelle mit einer Teilung aus Chrom von 635 µm Periode, die auf einen Stahlträger geklebt ist. Im Abtastkopf wird

Abb. 20: Offenes Längenmeßsystem mit dynamischer Abtastung (Philips)

die Teilung verkleinert auf ein Array mit einer großen Anzahl von Photodioden abgebildet, wodurch ein großer Bereich des Maßstabs abgetastet wird und örtliche Fehler des Maßstabs ausgemittelt werden. Längere Maßstäbe werden aus Teilstücken zusammengesetzt, so daß praktisch beliebig lange Verfahrwege möglich sind. Das Abtastverfahren toleriert geringe Lücken zwischen den Maßstäben an der Stoßstelle. Interpoliert die elektronische Auswertung 1270fach, so sind Meßschritte von 1 µm und 0,5 µm möglich; bei 1250facher Interpolation beträgt der Meßschritt 0,508 µm oder 0,00002 Zoll. Das Gerät muß vom Maschinenhersteller gegen Späne und Flüssigkeiten geschützt werden. In Abbildung 20 ist ein Gerät zu sehen, das an einer Fräsmaschine angebaut ist. Die Abdeckung wurde für die Aufnahme entfernt. Der Abtastkopf sitzt auf einem

Beliebig lange Verfahrwege

schwertförmigen Durchgriff, durch den auch das Kabel geführt wird. Eine der beiden elastischen Dichtlippen ist hinter dem Durchgriff zu erkennen.

Justierung entscheidend

Die Genauigkeit der Maßstabstrecke hängt natürlich entscheidend von der Genauigkeit der Stoßstellen, d. h. vom Geschick des Monteurs, ab. Zur Justierung ist ein ausreichend genaues Referenz-Meßsystem erforderlich. Bei der Justierung der Maßstab-Teilstücke können auch Maschinenfehler in gewissen Grenzen kompensiert werden.
Trotz der hohen Taktfrequenz von ca. 3,5 MHz ist bei 1270facher Unterteilung die Trägerfrequenz nur ca. 2,75 kHz, d. h., daß die Zykluszeit ca. 0,4 ms beträgt und jede Änderung der Position oder der Geschwindigkeit bis zu 0,4 ms verzögert ermittelt wird.
Wie bei allen Meßsystemen mit Trägerfrequenz ist daher mit dynamischen Fehlern zu rechnen, also mit Meßabweichungen, die von Geschwindigkeit und Beschleunigung abhängen.

Gekapseltes Wegmeßsystem mit Schubstange

Ein weiteres nach dem photoelektrischen Meßprinzip arbeitendes Meßgerät ist in Abbildung 21 zu sehen. Eine Schubstange verbindet den Maschinenschlitten mit der Abtasteinheit, die im

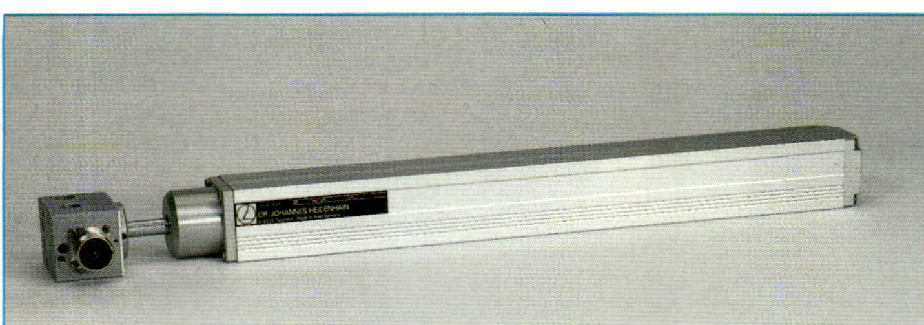

Abb. 21: Gekapseltes photoelektrisches Längenmeßgerät mit Schubstange (bis ca. 0,5 m)

Innern eines Aluminium-Hohlprofils einen Glasmaßstab mit einer sehr genauen Teilung abtastet. Die Meßlänge ist relativ gering (max. 0,5 m), es ist aber ein guter Schutz gegen Verschmutzung gegeben. Meßschritte bis zu 0,2 μm sind möglich.

Gekapseltes magnetisches Meßsystem

Ein gekapseltes magnetisches Meßsystem ist mit permanentmagnetischem Maßstab ausgerüstet und arbeitet nach dem auf S. 15 beschriebenen Trägerfrequenzverfahren.

Der Maßstab besteht aus einer dünnen Stange aus hartmagnetischem Material, die an beiden Enden befestigt ist und die abwechselnd entgegengesetzt magnetisiert ist mit 200 μm Periode. Die Abtasteinheit ist in eine Zylinderbüchse integriert, die mit wenigen Mikrometer Spiel auf dem Maßstab gleitet. Zum Schutz gegen Späne und magnetische Felder sind Maßstab und Abtasteinheit in ein Stahlprofil eingebaut, das mit Dichtlippen abgeschlossen ist.

Wie bei den gekapselten photoelektrischen Geräten bilden eine Kupplung, ein Schwert und ein Montagefuß die Verbindung zur Maschine.
Feine Spänchen dürfen allerdings nicht mit der Kühlflüssigkeit ins Innere des Gerätes gelangen, weil sonst die Gefahr besteht, daß der feine Spalt von nur wenigen Mikrometern zwischen Maßstab und Abtasteinheit verstopft und zu erhöhter Reibung und zu einer größeren Umkehrspanne führt.

Linear-Inductosyn

Meßprinzip induktiv

Dieses Meßsystem hat in den Anfängen der NC-Technik eine hervorragende Rolle gespielt, wurde aber dann von den photoelektrischen Systemen verdrängt. Es arbeitet nach dem induktiven Meßprinzip (s. S. 15).

Maßstab

Abbildung 22 zeigt einen Standard-Maßstab und eine Abtastplatte (Slider). Der Maßstab besteht aus einem Stahlträger, auf den die mäanderförmige Wicklung wie bei einer Leiterplatte aufgebracht ist. Die Maßstabperiode ist 2 mm (Pol-Teilung 1 mm). Die typische Maßstablänge ist 250 mm. Für längere Meßstrecken ordnet man mehrere Maßstäbe in einer Reihe an.

Slider

Die beiden 90° phasenversetzten Wicklungen des Sliders sind abwechselnd hintereinander angeordnet, damit sich auch bei kleinen Unregelmäßigkeiten auf dem Maßstab wie auch über den Maßstabstoß ein möglichst gleichförmiges Signal in beiden Windungssystemen ergibt.
Die Slider-Wicklungen müssen durch eine isoliert aufgeklebte Folie elektrostatisch geschirmt werden.

Trotz der großen Teilungsperiode sind relativ enge Abtastspalte (ca. 0,25 mm) erforderlich.
Die Maßstäbe können mit hoher Genauigkeit hergestellt werden. Um aber eine entsprechende Meßgenauigkeit der gesamten Meßeinrichtung zu erzielen, müssen die Maßstab-Teilstücke auch sehr sorgfältig aneinander justiert werden. Man benötigt dafür ein genaues Referenz-Meßsystem, z. B. ein Laser-Interferometer. Außerdem müssen die Signale auf gleiche Amplitude und richtige Phase in der Elektronik abgeglichen werden. Dabei spielen auch die Kabel-Kapazitäten eine nicht vernachlässigbare Rolle. Häufig werden auch bei der Abnahme der Maschine gemessene langwellige Fehler dadurch kompensiert, daß man die einzelnen Maßstabstöße bewußt

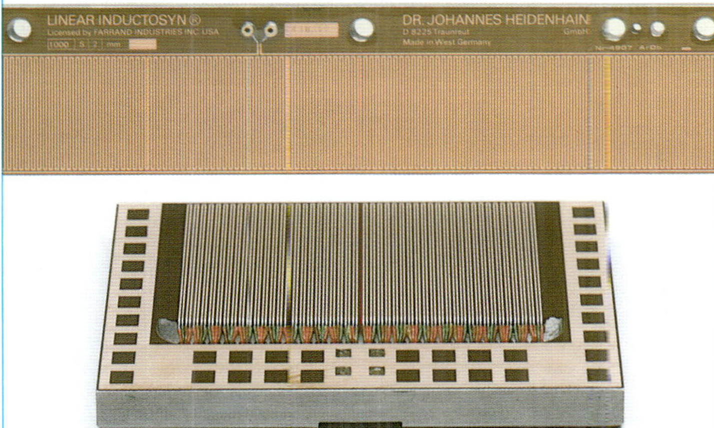

Abb. 22. Linear-Inductosyn Maßstab und Abtastplatte (ohne Abschirmfolie)

geringfügig dejustiert, um den Gesamtfehler der Maschine zu verringern. Allerdings werden dabei erhöhte Interpolationsfehler an den Stoßstellen in Kauf genommen. Die Justierarbeit läßt sich verringern, wenn man längere, z. B. 1000 mm lange Maßstäbe verwendet.

Wegmeßsysteme mit mechanischer Maßverkörperung

Meßsystem Spindel – Mutter – Drehgeber

Antriebsspindel als Maßverkörperung

Neben den gekapselten photoelektrischen Meßsystemen mit Glasmaßstäben sind an Werkzeugmaschinen die Wegmeßsysteme am weitesten verbreitet, bei denen die Antriebsspindel als Maßverkörperung verwendet wird. Ein photoelektrischer Drehgeber interpoliert über eine Umdrehung und erzeugt digitale Signale. Diese Konfiguration wird insbesondere dann angewendet, wenn eine genügend genaue Spindel und eine spielfreie Einstellung der Spindellagerung und der Mutter ohnehin gegeben sind. Die Vorteile liegen in den geringeren Kosten und in der hohen Zuverlässigkeit, da Drehgeber sehr gut gegen Verschmutzung und gegen Flüssigkeiten gedichtet werden können. Auch stehen Drehgeber in vielen Varianten zur Verfügung.

Preiswert und zuverlässig

Die Nachteile liegen in der geringeren Genauigkeit und Reproduzierbarkeit, da naturgemäß eine Spindel größere Meßabweichungen als ein Präzisionsmaßstab besitzt und die Länge der Spindel außerdem von der Temperatur und damit von der zeitlichen Vorgeschichte abhängt.

Bei starker Zerspanung oder bei längeren Eilgangbewegungen steigt z. B. die Temperatur. 1 K Temperaturunterschied ergibt bei einer 1 m langen Spindel aus Stahl bereits eine Meßabweichung von ca. 10 µm. Längere Spindeln hängen auch durch, neigen zu Schwingungen und verwinden sich beim Beschleunigen schwerer Schlitten oder wenn große Schnittkräfte auftreten.

Abb. 23: Drehgeber und Kupplung zur Längenmessung in Verbindung mit Spindel

Typische Drehgeber für die Wegmessung zusammen mit einer Spindel sind in Abbildung 23 zu sehen. Sie arbeiten nach dem photoelektrischen Meßprinzip. Als Lichtquelle werden Halbleiter oder Glühlampen mit langer Lebensdauer in schockabsorbierender Fassung verwendet.

Bei einer Spindelsteigung von z. B. 10 mm erhält man mit einem Drehgeber mit 2500 Strichen auf der Teilscheibe einen Meßschritt von 1 µm ohne elektrische Interpolation. Die Impulsformung erfolgt im Drehgeber, so daß am Ausgang bereits Rechtecksignale anliegen. Mit 5000 Strichen auf der Scheibe und mit externer Interpolation ist auch ein Meßschritt von 0,1 µm ohne weiteres realisierbar. Mit speziell gehärteten und geläppten Spindeln hoher Genauigkeit mit 3 mm Steigung, die in einem temperaturgeregelten Ölbad laufen, wurden von einem bekannten Unternehmen in USA auch Meßschritte von 0,01 µm realisiert [14].

Meßgeschwindigkeit

Die maximale Meßgeschwindigkeit ist außer von der Spindeldrehzahl n und der Spindelsteigung h auch von der maximalen Abtastfrequenz f des Drehgebers abhängig. Sie liegt bei 160 kHz bis 1 MHz. In Verbindung mit einer nachfolgenden Interpolation sind jedoch – abhängig vom Interpolationsfaktor – geringere Abtastfrequenzen anzusetzen. Bei einem Drehgeber mit der Strichzahl z gilt für die maximale Geschwindigkeit v:

$$v = h \cdot n = h \cdot f/z \quad \text{bzw.:}$$
$$v[\text{m/min}] = h[\text{mm}] \cdot n[\text{U/min}]/1000$$
$$\text{und} \quad v[\text{m/min}] = 60 \cdot h[\text{mm}] \cdot f\,[\text{kHz}]/z$$

Spindel bestimmt Genauigkeit

Die Genauigkeit des Systems wird primär durch die Spindel bedingt. Nur bei sehr hoch auflösenden Systemen oder z. B. bei sehr kleinen Verfahrwegen müssen auch die Meßabweichungen des Drehgebers mit in die Fehleranalyse einbezogen werden.

In der Regel wird die Welle des Drehgebers an die Spindel mit einer Kupplung angekoppelt (Abb. 23). Diese muß die unvermeidlichen Fluchtungsabweichungen zwischen den Wellen, d. h. den Radialversatz und die Winkelabweichung, ausgleichen, ohne zu große Kräfte auf die Drehgeberlager auszuüben.

Manchmal ist es aus konstruktiven Gründen erforderlich, die Drehung der Spindel mittels eines Zahnriemens auf den Drehgeber zu übertragen. Für diesen Fall gibt es robuste Drehgeber mit verstärkter Wellenlagerung (Abb. 23 links).

Häufig werden die Drehgeber auch an die Rückseite des Antriebsmotors montiert. Dadurch ergibt sich ein sehr kurzer Geschwindigkeits-Regelkreis, der die Stabilität des Reglers günstig beeinflußt. Sind Motor und Drehgeber an den beiden gegenüberliegenden Enden der Spindel angebracht, bewirkt die Verdrillung der Kupplung Motor-Spindel, der Spindel selbst und der Drehgeberkupplung eine Abweichung des Meßwertes von der Motor-Wellendrehung. Die Position des Schlittens wird dabei aber genauer erfaßt. Drehgeber, die an die Antriebsmotoren angebaut sind, werden häufig hohen Temperaturbelastungen – bis über 100 °C – ausgesetzt. Auch diesen Umgebungsbedingungen können die Drehgeber angepaßt werden.

In den letzten Jahren wurden auch Drehgeber mit eingebauter Kupplung auf den Markt gebracht. Eine andere interessante Variante stellen die Einbau-Drehgeber dar [6].

Abbildung 24 zeigt einen Drehgeber mit integrierter Kupplung im Schnitt. Die Kupplung ist dabei nicht rotorseitig, sondern statorseitig – zwischen der Abtasteinheit und dem Gehäuse – angeordnet.

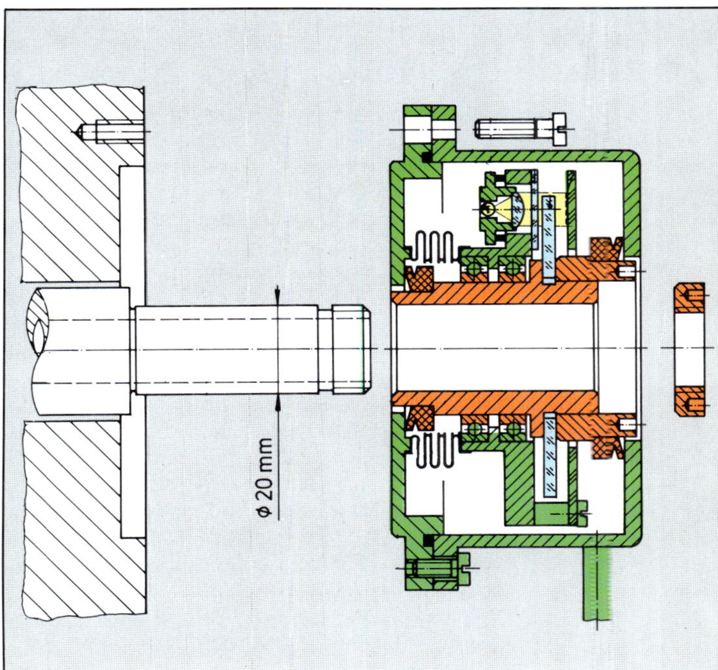

Abb. 24: Drehgeber mit integrierter Kupplung (Schema) Zylindrische oder konische Bohrung, Statorkupplung ist – entgegen der Zeichnung – als Doppel-Federparallelogramm ausgeführt

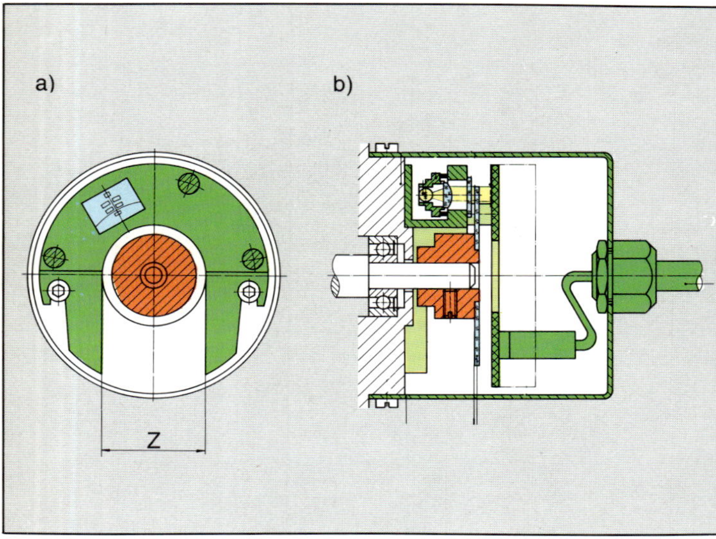

Abb. 25a + b: Einbau-Drehgeber a) Querschnitt, b) Längsschnitt (schematisch), Z Zentrierbund

Auch die beste Kupplung stellt eine Drehfeder dar, die zusammen mit dem Trägheitsmoment des Drehgeberrotors ein Feder-Masse-System bildet, dessen Eigenfrequenz bei sehr schnellen Reglern problematisch sein kann. Die Verdrillung der Kupplung bei Beschleunigung wirkt sich auch nachteilig auf die Stabilität des Regelsystems aus. Die statorseitige Kupplung wird aber bei Beschleunigungen nicht beansprucht. Der Rotor des Drehgebers kann starr mit der Antriebsspindel oder mit der Motorwelle verbunden werden. Die Statorkupplung muß nur das geringe Reibungsmoment der Lagerung übertragen.

Einbau-Drehgeber: schnell und einfach zu montieren

Ein Einbau-Drehgeber ist in der Abbildung 25 zu sehen. Er wird in Baugruppen geliefert, die vom Motor- oder Maschinenhersteller ohne Justier-Aufwand in wenigen Minuten zu montieren sind. Die Baugruppe Teilkreis mit Nabe wird auf die Welle geschoben und geklemmt, die Abtasteinheit wird an einen zur Welle konzentrischen

c)

Abb. 25c: Einbau-Drehgeber. Baugruppen Abtastkopf und Teilkreis mit Nabe. Nabenbohrung bis 30 mm

Bund geschoben und festgeschraubt. Eine dritte Baugruppe bildet die Abdeckkappe mit dem Kabel.
Die Auflösung von Einbau-Drehgebern ist allerdings begrenzt auf 4000 bis 10000 Meßschritte pro Umdrehung je nach Durchmesser der Teilung. Auch die Axialbewegung der Lagerung, z. B. des Motors durch Erwärmung und äußere Kräfte, begrenzt die Strichzahl. Bei hohen Strichzahlen ist auch auf die Meßabweichungen durch die mögliche Exzentrizität der Teilscheibe zu achten.

Neu entwickelte *Einbaudrehgeber mit Lagerung und Stator-Kupplung* stellen eine kostengünstige und technisch vorteilhafte Lösung dar. Die Teilung ist bereits optimal zur Lagerung zentriert, und die Stator-Kupplung erlaubt genügend große Axialbewegungen des Motorankers.

Hohe Motordrehzahlen und große axiale Beweglichkeit erlaubt ein Einbau-Drehgeber, der aus

Teilung: Stahltrommel

einem Teilungsträger aus Stahl und einer Abtasteinheit besteht. Die Teilung ist auf einer Zylinderfläche aufgebracht; die Teilstriche erstrecken sich parallel zur Drehachse. Verschiedene Baugrößen mit Innendurchmesser des Teilungsträgers von 40 bis 180 mm ermöglichen es auch, Arbeitsspindeln mit hohen Drehzahlen und großen Durchgangsbohrungen (z. B. Drehmaschinenspindeln) damit auszurüsten (siehe auch Abb. 35, S. 60).

Meßsystem Spindel – Mutter – Multiturn-Codedrehgeber

Interessant für absolute Messung

Mit leistungsfähigeren kundenspezifischen Elektronik-Schaltkreisen gewinnen in letzter Zeit Code-Drehgeber an Boden. Damit ergeben sich auch interessante Möglichkeiten für absolute Positionsmeßsysteme. Koppelt man einen 12-Bit-Code-Drehgeber (Auflösung 4096 Schritte pro 360°) an eine Spindel mit 4 mm Steigung, so kann man aus dem Drehgeber die Schlittenposition innerhalb einer Spindelumdrehung in 1 μm Schritten bei jedem Zugriff des angeschlossenen Rechners abnehmen. Um auch eine Information über die Anzahl der Umdrehungen zu gewinnen, verwendet man Multiturn-Codedrehgeber, die über eingebaute Getriebe mehrere Codescheiben antreiben. Die Code-Information wird photoelektrisch abgelesen. Eine eingebaute Logik sorgt für den richtigen Anschluß der Code-Gruppen. Damit können z. B. bei einem 21-Bit-Codedrehgeber 2^{12} Positionen pro Umdrehung und insgesamt $2^9 = 512$ Umdrehungen absolut eingelesen werden. Die Code-Information wird zur Einsparung von Leitungen und Steckerkontakten seriell übertragen. Dafür wird bei 21 Bit im allgemeinen eine Zeit von 30 bis 40 μs benötigt.

Wegmeßsysteme für Meßmaschinen

Offene Wegmeßsysteme mit Glasmaßstab

Höchste Meßgenauigkeit

Die höchste Meßgenauigkeit erreicht man mit offenen Meßsystemen, die keine mechanische Kupplung enthalten und völlig reibungsfrei sind. Vor allem bei luftgelagerten 3-Koordinaten-Meßmaschinen hoher Genauigkeit werden diese Geräte verwendet. Ein typisches photoelektrisches inkrementales Meßsystem ist in Abbildung 26 zu sehen. Der Glasmaßstab trägt eine sehr präzise Teilung mit 10 µm Periode. Er wird zur

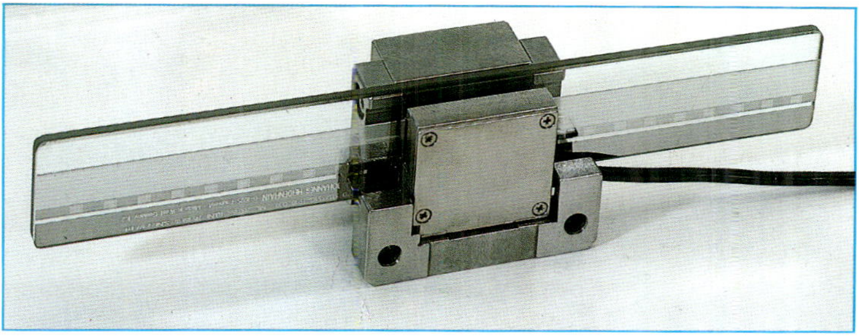

Abb. 26: Offenes photoelektrisches Längenmeßgerät mit Glasmaßstab; Meßlänge bis 3 m, Meßschritt bis 0,05 µm, Genauigkeitsklassen bis ± 1 µm/m bzw. ± 0,2 µm/200 mm

Montage auf eine ebene Fläche gespannt. Die Ebenheit der Teilungsfläche, die auf diese Weise erzeugt wird, bildet die Voraussetzung für die hohe Genauigkeit des Maßstabs. Der Abtastkopf ist zum Maßstab mit Hilfe einer eingebauten Montagehilfe ohne großen Justieraufwand innerhalb enger Toleranzen zu montieren.
Zur Abtastung wird eine Halbleiter-Lichtquelle mit sehr geringer Leistung verwendet. Eine optische Filtertechnik unterdrückt die Oberwellen des Sinussignals, die aufgrund der Beugung an

den Teilungsgittern abstandsabhängig in unterschiedlicher Amplitude entstehen [7].
Durch die Filterung kann eine hohe Interpolationsgenauigkeit gesichert werden. In der besten Genauigkeitsklasse liegt der Maßstabfehler innerhalb von ± 1 µm je Meter Meßlänge bzw. ± 0,2 µm auf 200 mm Meßlänge. Die maximale Meßlänge beträgt 3 m.

Offene Wegmeßsysteme mit Stahlmaßstab

Länge unbegrenzt

Hohen Ansprüchen an die Genauigkeit genügen auch photoelektrische Wegmeßsysteme mit Stahlmaßstab. Sie arbeiten reibungsfrei und ergeben eine hohe Wiederholgenauigkeit. Stahlmaßstäbe sind leicht anzubauen und können in praktisch unbegrenzter Länge hergestellt werden. Sie werden an vielen 3-D-Meßmaschinen verwendet.

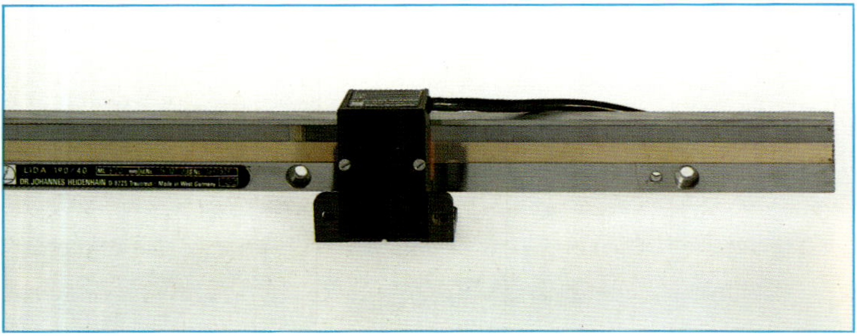

Abb. 27: Offenes photoelektrisches Längenmeßgerät mit Stahlmaßstab; Meßlänge bei Teilungsperiode 40 µm bis ca. 2 m, bei Teilungsperiode 100 µm bis 30 m

Abbildung 27 zeigt ein solches Meßsystem, das aus einem Stahlmaßstab und einem Auflicht-Abtastkopf besteht. Die Teilung des Maßstabs besteht aus hochreflektierenden Goldstrichen und mattgeätzten Lücken dazwischen mit 40 µm Periode.
Für Meßlängen über 2 m wird die Teilung durch 50 µm breite Gold-Striche (100 µm Periode) auf einem Stahlband mit einer Länge bis zu 30 m gebildet. Das Band ist in ein extrudiertes Alumi-

nium-Profil eingezogen, das bei großen Meßlängen aus mehreren Teilstücken zusammengesetzt wird. Das Band wird definiert gespannt und dann an beiden Enden fest mit dem Maschinenbett verbunden. Beim 100-µm-Band ist eine Auflösung von 1 µm oder 0,5 µm möglich, beim 40-µm-Band auch 0,2 µm.

Interferentielle Meßsysteme

Meßsysteme nach dem interferentiellen Meßprinzip (s. S. 17) verbinden die Vorteile einer sehr feinen Teilung, die hohe Auflösung und Genauigkeit, mit einer großen Toleranz für den Abtastspalt. Abb. 28 zeigt ein solches Gerät, das aus einem robusten Stahlmaßstab mit einem Reflexions-Phasengitter mit 8 µm Periode und einem Abtastkopf besteht. Dieser wird mit einer integrierten Justiervorrichtung geliefert, da die großen translatorischen Anbautoleranzen mit relativ engen Winkeltoleranzen einhergehen. Der Maßstab kann bis zu 1 m Meßlänge in den

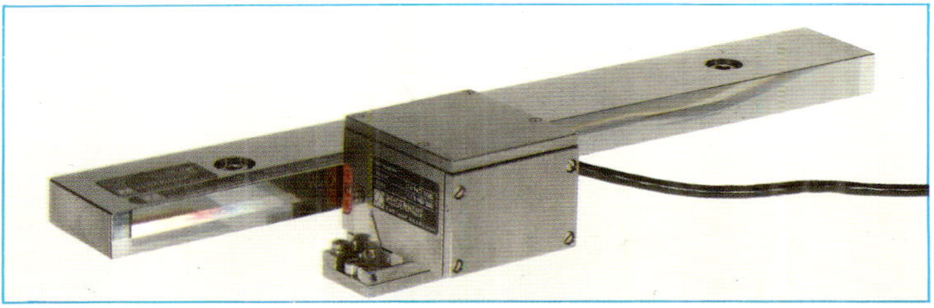

Abb. 28
Interferentielles Längenmeßgerät bis ca. 1 m;
Meßunsicherheit
±1 µm oder
±0,2 µm/200 mm
Meßschritte bis
0,02 µm

Genauigkeitsklassen ±1 µm bzw. ±0,2 µm/200 mm hergestellt werden. Die Signalperiode von 4 µm kann 400fach unterteilt werden, so daß sich ein kleinster Meßschritt von 0,01 µm ergibt. Eine Referenzmarke dient zur Festlegung des Koordinaten-Nullpunkts. Wegen seiner hohen Genauigkeit, der feinen Auflösung und vor allem wegen der exakten Reproduzierbarkeit der Meßwerte ist das Gerät als echte Alternative zum Laser-Interferometer anzusehen.

Laser-Interferometer

Da die Definition des Meters auf der Basis Zeit und Lichtgeschwindigkeit im Vakuum (s. S. 4) für den praktischen Gebrauch in der Meß- und Produktionstechnik nicht brauchbar ist, wird das Laser-Interferometer heute allgemein als Längenstandard anerkannt.
Es dient hauptsächlich als Referenz-Längenmeßsystem bei der Abnahme von Werkzeugmaschinen und Meßmaschinen. In einzelnen Fällen wurden auch Meßmaschinen, insbesondere Maskenmeßmaschinen, mit Laser-Interferometern als Längenmeßsystem ausgerüstet. Die größte Verbreitung haben Heterodyn-Interferometer (Zwei-Frequenz-Interferometer) gefunden (s. S. 19/20).

Ein weit verbreitetes Laser-Interferometer (Hersteller HP) besteht aus Laser-Kopf, dem eigentlichen Interferometer, einem Reflektor, Empfänger (Receiver) und einer Elektronikeinheit. Die Wellenlänge λ_o des Lasers beträgt in Vakuum 0,6329914 µm und kann sehr genau (10^{-7} bis 10^{-8}) konstant gehalten werden.

In Luft wird die Wellenlänge λ von verschiedenen Parametern wie Temperatur, Druck, Feuchtigkeit und Restgasgehalt beeinflußt. Die Formel von Edlén zeigt die Abhängigkeit der Wellenlänge von der Lufttemperatur t [°C], dem Luftdruck p [hPa] und der Luftfeuchtigkeit H [%]:

$$\lambda = \lambda_o / n$$

$$n = 1 + 2{,}8775 \cdot 10^{-7} \cdot p \cdot \frac{1 + 10^{-6} \cdot p \cdot (0{,}613 - 0{,}00997 \cdot t)}{1 + 0{,}003661 \cdot t}$$

$$- 3{,}03 \cdot 10^{-9} \cdot H \cdot e^{0{,}057627 \cdot t}$$

Bei normalen Meßraumbedingungen, d. h. bei t = 20 °C, p = 1013 hPa und H = 50% beträgt die Wellenlänge 0,63282 µm.

Weichen die Umgebungsbedingungen nur wenig von den o. a. Werten ab, läßt sich die Änderung $\Delta\lambda$ der Wellenlänge mit folgender Näherungsformel ermitteln:

$$\Delta\lambda/\lambda = \begin{array}{l} 0{,}9 \cdot 10^{-6} \cdot \Delta t\ [K] \\ -0{,}3 \cdot 10^{-6} \cdot \Delta p\ [hPa] \\ +0{,}01 \cdot 10^{-6} \cdot \Delta H\ [\%] \end{array}$$

Ein Sensor mißt die 3 Luftparameter und leitet sie an eine Kompensations-Elektronik, in der die entsprechende Korrektur der Laser-Wellenlänge erfolgt [13]. Allerdings sind die Sensoren mit Meßabweichungen behaftet, so daß für die Längenmessung in einem Temperaturbereich von 15 bis 25 °C mit Abweichungen von ± 1,6 μm und in einem Bereich von 0 bis 40 °C mit ± 2,9 μm, jeweils bezogen auf 1 Meter Meßlänge, gerechnet werden muß.

An die Kompensations-Elektronik kann auch ein Sensor für die Werkstück-Temperatur angeschlossen werden, dessen Meßunsicherheit auf die Längenmessung mit einer weiteren Meßabweichung von ± 1 μm je Meter Werkstücklänge eingeht. Ohne Kompensation der Luftparameter sind sogar in einem gut klimatisierten Meßraum Meßfehler von einigen ± 10 μm je Meter Meßlänge zu erwarten. Bei kurzen Meßwegen kann mit dem Kompensator eine sehr geringe Meßunsicherheit von z. B. ± 0,3 μm über 200 mm erreicht werden, vorausgesetzt, daß die Luftwege so kurz wie möglich gehalten werden und die Meßausrüstung in einem gut klimatisierten Raum aufgestellt ist.

Noch bessere Ergebnisse werden mit einem Refraktometer erzielt, das die Wellenlänge des Lasers in einer parallel liegenden Luftstrecke mißt, oder wenn der Laserstrahl im Vakuum geführt wird.
In jedem Fall muß die Temperatur des Werkstücks, z. B. aus Stahl, auf 0,01 K genau gemes-

sen werden, wenn der Verfahrweg mit einer Unsicherheit von 0,1 µm/m (10^{-7}) der Werkstücklänge zugeordnet werden soll.
Abhängig vom verwendeten Reflektor und der Interpolations-Elektronik sind Auflösungen von 0,16 µm bis 1,25 nm möglich. Die Meßgeschwindigkeit beträgt 30 bis 100 m/min [12].

Abb. 29: Kreisteilmaschine zur Erzeugung von Teilungs-Originalen; Insert: Spitze eines Teildiamanten beim Reißen eines Striches

Digitale Winkelmeßsysteme

Photoelektrische Winkelmeßsysteme mit Wellenkupplung

Winkelmeßsysteme mit einem Meßschritt von 0,001° oder feiner arbeiten in den meisten Fällen nach dem photoelektrischen Meßprinzip mit statischer Abtastung. Häufig wird eine Teilung mit 18000 Strichen verwendet, so daß mit einer Frequenzerhöhung um Faktor 5 bei Auswertung aller Signalflanken 360000 Meßschritte pro Umdrehung entstehen (1 Meßschritt = 0,001°).
Abbildung 30 zeigt links einen solchen Drehgeber, der mit einer externen oder eingebauten Verfünffachung ausgerüstet werden kann. Die Meßunsicherheit liegt innerhalb ±5″.
Der Drehgeber muß mit einer Präzisionskupplung an die zu messende Drehachse angeschlossen werden. Diese Kupplungen sind entweder als Doppelkardane oder als Doppel-Parallelogramme ausgeführt.
In Abbildung 30 ist in der Mitte ein etwas größeres Winkelmeßgerät zu sehen, das auf der Teilscheibe 18000 oder 36000 Striche trägt und mit einer externen Elektronik bis zu 7,2 Millionen Meßschritte pro 360° auflösen kann. Ein Meßschritt entspricht dann 0,00005° oder 0,18″.
Für die einfache Ausführung kann eine Genauigkeit von ± 2,5″, für die Version mit vier parallel geschalteten Abtasteinheiten ± 1″ garantiert werden.
Für diese Gerätereihe gibt es auch entsprechend präzise Kupplungen, deren Torsionssteifigkeit sehr groß ist, um die Umkehrspanne vernachlässigbar klein zu halten.
Das Reibmoment M_R eines Winkelmeßgeräts verursacht durch Torsion der Kupplung eine Umkehrspanne F_u der Größe

$F_U = 2 \cdot M_R/C$

oder: $F_U\,[''] = 4120 \cdot M_R\,[\text{cmN}]\,/\,C\,[\text{Nm/rad}]$

C = Torsionssteifigkeit der Kupplung

Beispiel: $M_R = 1\,\text{cmN}$, $C = 4000\,\text{Nm/rad}$,
$F_u \approx 1''$

Für geringe kinematische Meßabweichungen (hohe Übertragungsgenauigkeit) von Präzisions-Kupplungen ist es wichtig, daß nur kleine Exzentrizitäts- und Winkelabweichungen auszugleichen sind.

Winkelmeßgerät mit eingebauter Kupplung

Abbildung 30 zeigt rechts ein Winkelmeßgerät, das über eine eingebaute Kupplung verfügt. Da-

Abb. 30:
Photoelektrische Winkelmeßgeräte
Links: Gerät mit max. 18000 Strichen mit externer oder eingebauter 5fach-Interpolation Meßschritte bis 0,001°
Mitte: Gerät mit max. 36000 Strichen mit externer 50fach Interpolation Meßschritte bis 0,000 05° (0,18") Meßunsicherheit innerhalb ±1"
Rechts: Gerät mit integrierter Stator-Kupplung mit 18000 Strichen; Meßschritte mit externer 50fach-Interpolation bis 0,000 1° (0,36")

bei wird die Welle des Geräts auf die zu messende Maschinenwelle geschoben und einfach mit einer Mutter befestigt. Auch das Gehäuse kann mit dem stehenden Maschinenteil fest verbunden werden. Die Kupplung, die für den Ausgleich der unvermeidlichen Fluchtungstoleranzen sorgt, ist statorseitig, also zwischen der Abtasteinheit und dem Gehäuse, angeordnet (Abb. 31). Damit wird erreicht, daß beim Beschleunigen der Welle kein Moment über die Kupplung geleitet werden muß. Auch die beste Kupplung ist ja, wie bereits erwähnt, eine Torsionsfeder, die zusammen mit dem Trägheitsmoment des Rotors ein schwingungsfähiges Gebilde darstellt. Anders als in Abbildung 31 gezeigt, ist die Kupplung nicht als Metallbalg, sondern als Doppel-Federparallelogramm ausgeführt. Als zusätzlichen Vorteil besitzt das Winkelmeßgerät eine durchgehende Wellenbohrung, was die Montage erleichtert, aber auch zur Durchfüh-

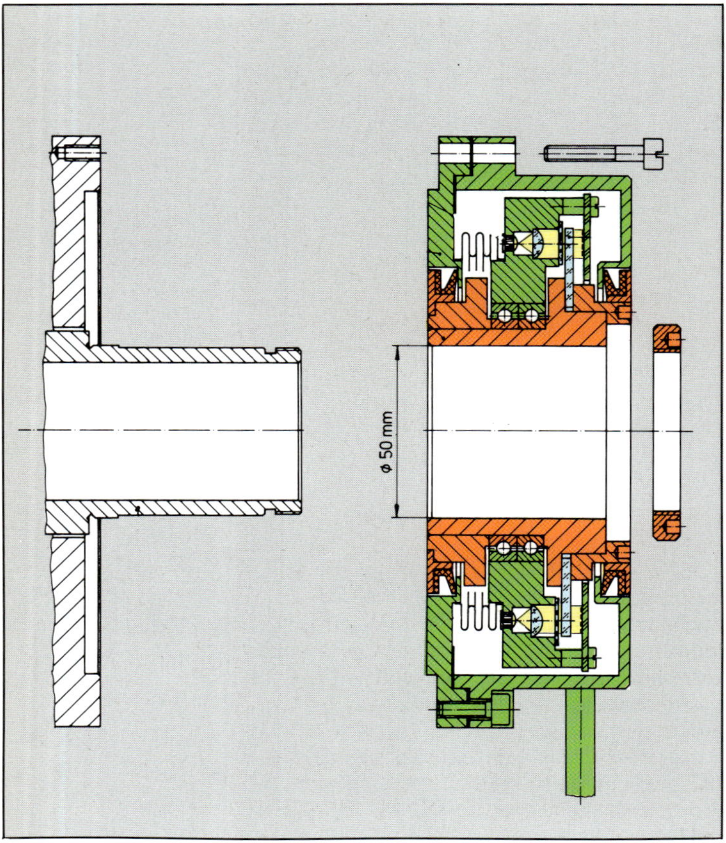

Abb. 31: Schema eines Winkelmeßgeräts mit integrierter Statorkupplung. Die Kupplung ist entgegen der Zeichnung als Doppel-Federparallelogramm ausgeführt.

rung von Druckmedien usw. genutzt werden kann. Wellenbohrungen von 20 bis zu 60 mm sind ausgeführt. Die Teilung hat 18000 Striche. Sie kann von einer oder zwei Abtasteinheiten abgelesen werden. Meßschritte bis zu 0,0001° sind möglich.

Die Abbildung 32 zeigt das derzeit wohl genaueste Winkelmeßsystem für NC-Anwendungen auf dem Markt. Eine besonders präzise Teilung mit 36000 Strichen, optische Signalfilterung und Vierfachabtastung der Teilung sowie eine eingebaute Statorkupplung sorgen für eine sehr hohe Genauigkeit. Eine digitale Auswerte-Elektronik

Abb. 32: Photoelektrisches Winkelmeßgerät mit integrierter Stator-Kupplung; Teilung mit 36000 Strichen Meßschritt in Verbindung mit digitaler Interpolation bis ca. 0,00001° (ca. 0,035″), Meßunsicherheit innerhalb ±0,2″

(s. S. 26 interpoliert die Signalperiode 1024fach, so daß ein Meßschritt von etwa 0,00001° oder 0,035″ entsteht. Damit die hohe Interpolation einen Sinn hat, werden die systematischen Abweichungen der Abtastsignale vor der Interpolation ortsabhängig korrigiert. Zur Aufnahme der Korrekturwerte ist eine Routine eingebaut. Die Auswerte-Elektronik enthält auch einen Zähler, in dem die Signalperioden gezählt werden. Der Meßwert wird aus dem Zählergebnis und dem Interpolationswert gebildet. Der Meßwert wird in codierter Form über eine IEEE 488-Schnittstelle herausgeführt.

Die Fehler des Meßsystems liegen innerhalb ± 0,2″. Davon sind etwa die Hälfte Interpolationsabweichungen, d. h. sehr kurzwellig. Der Rest, die Meßabweichung aufgrund der Teilungsfehler, ist sehr gut reproduzierbar und ändert sich über den Umfang nur sehr langsam, so daß er in einem Rechner auch noch leicht kompensiert werden könnte (Abb. 33). Das Meßsystem wird derzeit vorwiegend an Zahnradmeß- und Schleifmaschinen eingesetzt.

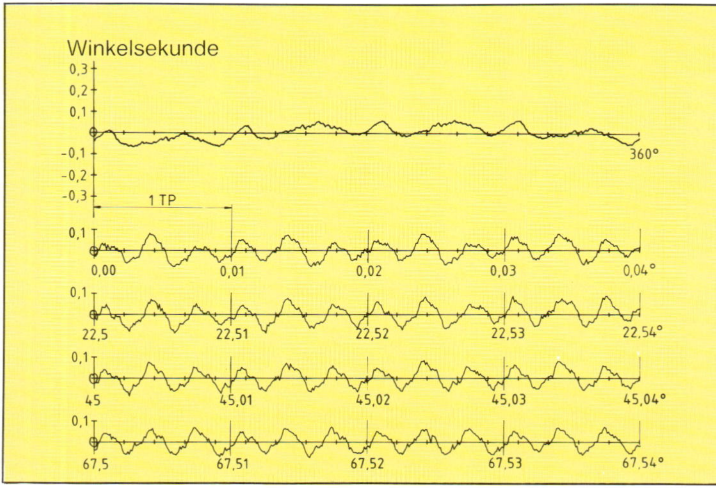

Abb. 33: Meßprotokoll eines Präzisions-Winkelmeßsystems nach Abbildung 32 obere Kurve: Fehler des Teilkreises untere Kurven: Interpolationsfehler, gemessen an mehreren Winkelpositionen

Einbau-Winkelmeßsysteme

Abbildung 34 zeigt eine photoelektrische Einbau-Winkelmeßeinrichtung, die mit verschiedenen Teilkreisdurchmessern und Strichzahlen bis 36000 gefertigt wird. Es lassen sich damit hohe Genauigkeit und absolute Reibungsfreiheit bei großen Durchgangsbohrungen (bis 155 mm) realisieren. Sie benötigt keine mechanische Kupplung. Der Teilkreis ist auf eine Nabe gekittet und bildet eine Baugruppe, der Abtastkopf stellt die zweite Baugruppe dar. Sie werden vom Maschinenhersteller montiert und in seine Konstruktion integriert. Auch der Schutz gegen Verschmutzung und Beschädigung wird maschinenseitig besorgt.

Teilung genau zentrieren

Die Teilung muß bei der Montage sorgfältig zentriert werden, da von der Genauigkeit der Zentrierung die Meßgenauigkeit entscheidend abhängt. Eine Restexzentrizität e bewirkt eine Meßabweichung, die sinusförmig mit einer Periode pro 360° verläuft. Für die Exzentrizitätsabweichung F einer Teilung mit Radius R gilt:

$$F = F_0 \cdot \sin \varphi$$

mit $F_0 = e/R$

oder $F_{max} = \pm\, e/R$ (F in Radiant)

oder $F_{max}\,[''] = \pm\, 206 \cdot e\,[\mu m]\,/\,R\,[mm]$.

Je nach Teilscheibendurchmesser bewirkt bei dem beschriebenen Einbau-Drehgeber eine Exzentrizität von 0,3 bis 0,6 µm eine Meßabweichung von ± 1″.

Der Abtastkopf ist mit Hilfe der eingebauten Montagehilfe einfach anzubauen. Ordnet man an einem Teilkreis zwei Abtastköpfe an, die einander diametral gegenüber liegen, und bildet man im angeschlossenen Rechner den Mittelwert, so kann die Exzentrizität der Teilscheibe eliminiert werden; sehr geringe Meßabweichungen (innerhalb ± 1″) sind erreichbar.

Solche Einbau-Winkelmeßgeräte werden in Teilköpfen verwendet, in luftgelagerten Rundtischen hoher Genauigkeit sowie in Rundtischen, bei denen große Durchgangsbohrungen benötigt werden.

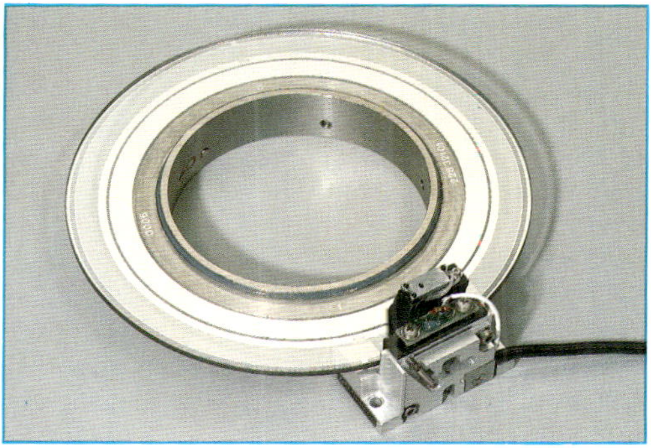

Abb. 34: Offenes photoelektrisches Einbau-Winkelmeßgerät reibungsfreie Abtastung, einfache Montage, Meßschritte bis 0,000 05° (0,18″)

Winkelmeßsystem mit Teilungsträger aus Stahl

Ebenso wie Drehgeber (s. S. 45) sind auch Einbau-Winkelmeßsysteme verfügbar, die aus einer zylindrischen Teilung auf einem Stahlträger und einer Abtasteinheit bestehen (Abb. 35). Teilungen bis 40 µm bzw. Strichzahlen bis 18000 erlauben Meßschritte von 0,001° und darunter. Die Genauigkeit ist in erster Linie durch die Exzentrizität bestimmt, wofür die gleichen Formeln wie oben anwendbar sind (s. S. 59). Auf einem

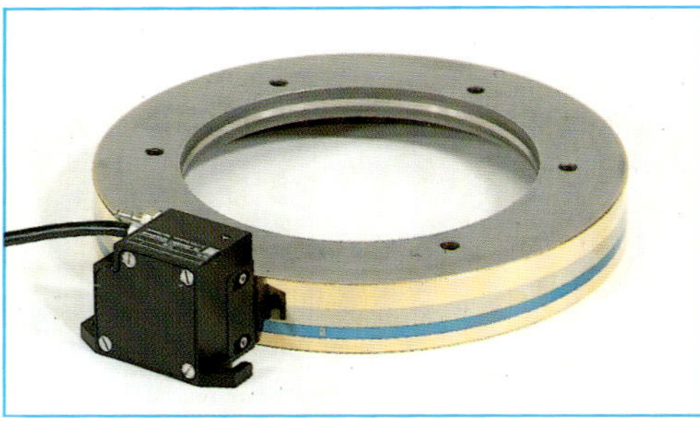

Abb. 35: Auflicht-Winkelmeßsystem mit Trommelteilung Eine oder 2 Teilungen, typische Strichzahlen 9000, 18000 bzw. 9000/1024 und 18000/1024.

Teilungsträger können auch 2 Teilungen angeordnet werden, z. B. mit 1024 Strichen zur Drehzahlregelung bei hoher Geschwindigkeit und 18000 für Drehzahl- und Winkelerfassung in einem eingeschränkten Geschwindigkeitsbereich.

Gelegentlich sind derart große Durchgangsbohrungen erforderlich, daß zur Winkelmessung nur noch die Möglichkeit bleibt, ein Stahlband mit einer Inkrementalteilung auf den Umfang eines Rundtisches zu spannen.
In Abbildung 36 ist ein Ausschnitt aus einem solchen Band-Meßsystem zu sehen. Das Stahlband trägt eine Teilung aus hochreflektierenden Goldstrichen. Die Teilungsperiode beträgt 100 µm. Die Enden der bis zu 3 m langen Bänder sind auf Spannklötzchen geschweißt, die so prä-

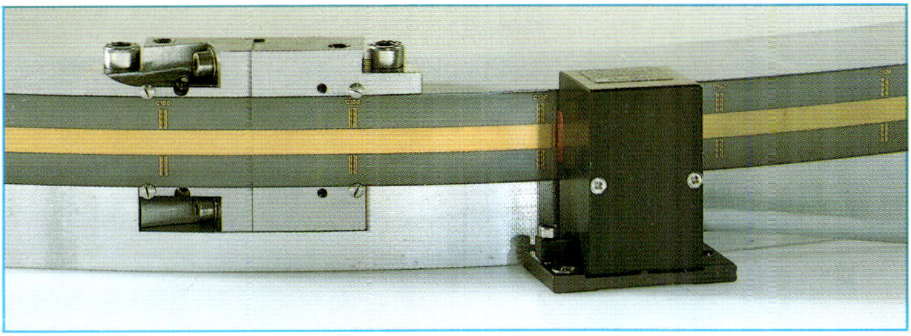

Abb. 36: Winkelmeßeinrichtung mit Stahl-Maßband für Rundtische mit großen Bohrungen; Meßschritt 1 µm am Umfang

zise gefertigt sind, daß sie bei der Montage am Rundtisch nur noch zusammengeschraubt werden müssen. Der feinste Meßschritt ist auf den Umfang bezogen 1 µm, das ist bei einem typischen Rundtisch von ca. 2 m Durchmesser ein Winkelschritt von 0,2″. Die Meßunsicherheit ist am größten an den Stoßstellen der Maßbänder. Um Meßfehler durch Exzentrizität zu vermeiden, sollen wenigstens zwei Abtastköpfe diametral angeordnet werden. Bildet man die Meßordnung so aus, daß zwei Abtastköpfe nicht gleichzeitig über eine Stoßstelle laufen, kann bei der Errechnung des Mittelwertes von einer Meßunsicherheit unter 5 µm ausgegangen werden. Die langwellige Meßabweichung durch ungleiche Bandspannung wird meist rechnerisch korrigiert.

Rund-Inductosyn

Das Rund-Inductosyn besteht aus zwei Scheiben, die ein mäanderförmiges Muster von Leiterbahnen tragen (siehe Abbildung 37). Die Funktion und die Auswerteverfahren wurden im Abschnitt *Meßprinzipien* (S. 14) bereits erklärt. Es gibt Scheiben mit 7 Zoll und 12 Zoll Durchmesser und mit verschiedenen Polzahlen von z. B. 360, 512, 720 oder 2000. Interpolations-Elektroniken mit Unterteilungsfaktoren von 2^{12} und mehr pro Polpaarzahl sind erhältlich, d. h., daß Meßschritte bis 0,32″ und darunter möglich sind. Die Genauigkeit von Pol zu Pol ist beim

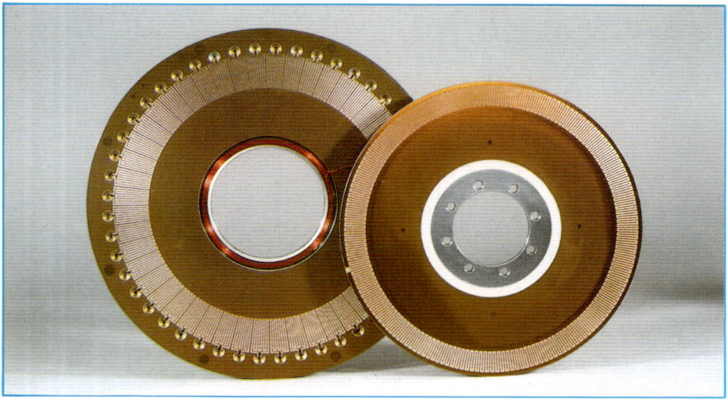

Abb. 37: Rund-Inductosyn: Rotor und Stator (ohne Abschirmfolie)

Rund-Inductosyn sehr gut (z. B. ± 1″), weil durch die Rundumabtastung Exzentrizitäts- und Teilungsabweichungen weitgehend herausgefiltert werden. Die Filterwirkung wird allerdings durch einen Taumelfehler der beiden Scheiben begrenzt. Die Interpolations-Abweichungen sind beim Inductosyn besonders zu beachten. Sie hängen stark von der Qualität des elektrischen Abgleichs (Justierung der Amplituden und der Phase der Abtastsignale) ab.

Zuverlässigkeit, Auflösung und Genauigkeit

Die beschriebenen Meßsysteme haben sich an Werkzeugmaschinen und Meßmaschinen vielfach bewährt. Bei starkem Schmutzanfall an der Maschine und großer Kühlwassermenge bzw. bei hoher Luftfeuchtigkeit ist es zweckmäßig, Schutzmaßnahmen vorzusehen, um die Zuverlässigkeit der Geräte zu sichern. Wird an Werkzeugmaschinen mit viel Kühlmittel gearbeitet, ist die Luft im gesamten Maschinenraum voll mit Wasserdampf gesättigt. Der Dampf dringt auch ins Innere der Geräte und kann bei Abkühlung kondensieren. Wasser im optischen System verringert die Signalamplituden und kann zum Ausfall eines Systems führen. In magnetischen oder induktiven Systemen kann Rost entstehen, und feine Spänchen können die Abtasteinheit blokkieren oder beschädigen.

Vor Wasserdampf schützen

Zuverlässige Abhilfe schafft eine möglichst dichte mechanische Kapselung in Verbindung mit einem geringen Überdruck von trockener Luft im Inneren.

Gegen elektrische Störungen abschirmen

Schutz vor elektrischen Störungen durch Fremdfelder usw. bietet nur ein konsequentes Abschirmkonzept, welches das gesamte System vom Maßstab bis zum Zähler umfaßt. Eine enge Abstimmung mit dem Hersteller des Meßsystems ist zu empfehlen, da er über vielfältige Erfahrungen verfügt.

Die Meßunsicherheit eines Meßsystems setzt sich aus einer Reihe von einzelnen Meßabweichungen zusammen, die zum Teil schon ausführlich behandelt wurden.

Fehleranalyse von Meßsystemen

Zunächst denkt man bei der Fehleranalyse eines Meßsystems an die Fehler der Maßverkörperung, der Teilung.

Abb. 38: Meßeinrichtung zur Prüfung von langen Meßsystemen
oben: 30 m Gußbett
unten: luftgelagerter Meßschlitten mit integriertem Antriebsschlitten

Der entscheidende Vorteil des photoelektrischen Meßprinzips liegt darin, daß – im Gegensatz zu anderen physikalischen Prinzipien – sehr feine Teilungen möglich sind.

Außerdem können die Maßstäbe für photoelektrische Abtastung mit sehr hoher Genauigkeit hergestellt werden. Bei Anwendung moderner berührungsloser Abtasttechniken bleibt auch die Genauigkeit der Maßstäbe praktisch unbegrenzt erhalten. Je nach Bedarf werden Maßstäbe in Genauigkeitsklassen von ± 5 µm bis ± 1 µm, bezogen auf eine Meßlänge von ≤ 1 m, hergestellt. Maßstabfehler sind zudem systematisch und langwellig; sie können somit verhältnismäßig leicht korrigiert werden.

Interpolationsabweichungen sind kurzwellige Fehler, die nur bedingt korrigierbar sind und deshalb besondere Beachtung verdienen (s. Abb. 33). Die Differenz des Meßergebnisses aus einer Vorwärts- und einer Rückwärtsmessung ist die Umkehrspanne.
Als Ansprechschwelle wird die Umkehrspanne unmittelbar nach Richtungsumkehr bezeichnet. Dieser Wert muß im Interesse eines stabilen Regelsystems immer sehr klein sein.

Photoelektrische Meßsysteme am genauesten

Photoelektrische Meßsysteme sind den magnetischen und induktiven in der Genauigkeit überlegen; speziell zeigen sie geringere Meßabweichungen innerhalb einer Teilungsperiode sowie kleinere Umkehrfehler.

Der Abbe-Fehler

Bei Werkzeugmaschinen und Mehrkoordinaten-Meßeinrichtungen spielt der Abbe-Fehler meist die dominierende Rolle.
Abbildung 39 zeigt, wie er entsteht. Er wird hauptsächlich durch die geringen Winkelabweichungen φ und ψ eines Schlittens um die beiden Achsen senkrecht zur Verfahrrichtung bewirkt. Er verläuft bei guten Maschinen stetig und ist typisch langwellig, so daß er für einen bestimmten Abstand vom Meßsystem, z. B. für die Mitte des Arbeitsraums, gut korrigiert werden kann.

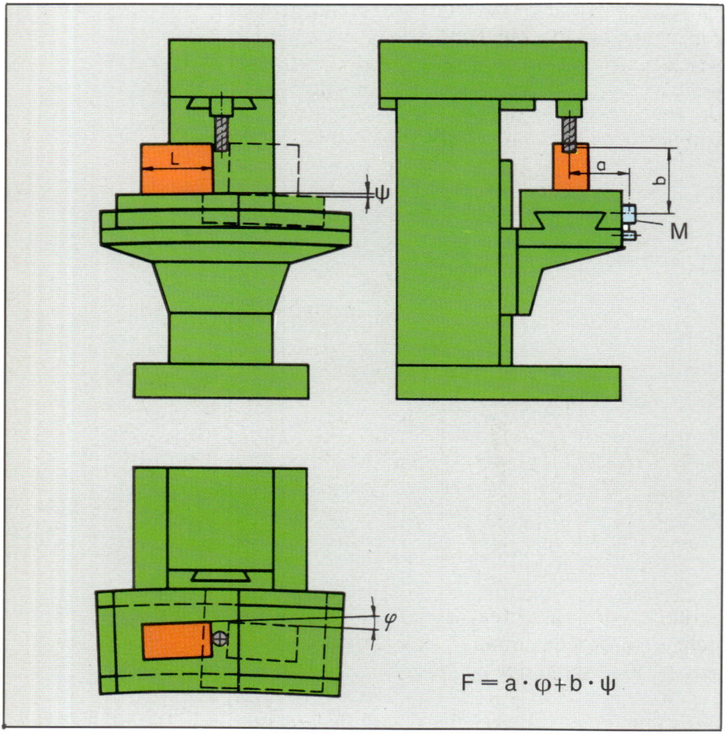

Abb. 39: Meßabweichungen durch unvollkommene Führungen (Abbe-Fehler) M Maßstab (x-Achse), φ, ψ Führungsfehler, a, b Komparator-(Abbe-) Abstand in y und z

Die Genauigkeit eines Meßsystems wird durch ein Meßprotokoll dokumentiert. Die Meßunsicherheit der Einrichtungen, auf denen die Protokolle erstellt werden, muß eine Größenordnung kleiner sein als die Meßunsicherheit, die für die Geräte zu gewährleisten ist, das heißt, daß für die Meßeinrichtungen Unsicherheiten unter 0,1 µm pro Meter bzw. unter ± 0,02″ gefordert werden.

Kalibriert man ein Meßsystem oder eine Maschine, eine Meßeinrichtung usw. nach der Montage des Meßsystems, so werden auch die Abbe-Fehler mit erfaßt. Zur Kalibrierung ist ein Vergleichsmeßsystem erforderlich, das selbst eine genügend hohe Genauigkeit aufweist. Meist wird ein Laser-Interferometer benutzt. Eine andere Möglichkeit bildet ein Vergleichssystem (Abbildung 40), das aus einer Phasengitterteilung in einem sehr stabilen U-Profil aus Stahl und einer

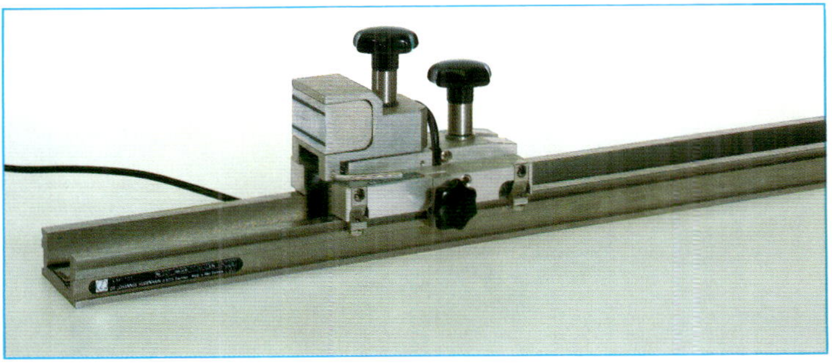

Abb. 40. Vergleichs-Meßsystem mit Phasengitter-Maßstab und berührungslosem Abtastkopf Meßlänge bis 1 m, Meßschritt typisch 0,02 µm, Meßunsicherheit ± 1 µm

berührungslos arbeitenden Abtasteinheit besteht. Das Gerät ist ohne großen Aufwand aufzubauen und vermeidet einige der Nachteile des Lasers.

Eine Fehleranalyse erlaubt, aus dem Ergebnis der Messung Schlüsse über mögliche Fehlerursachen zu ziehen, die zu einer verbesserten Konstruktion oder zu einer besseren Fertigungsqualität führen. Das Meßergebnis kann auch zur Korrektur der Meßabweichungen verwendet werden. In dieser Richtung wurde, speziell bei Mehrkoordinaten-Meßeinrichtungen, bereits viel Entwicklungsarbeit geleistet. Auch an Werkzeugmaschinen sind solche Verfahren eingeführt worden. Es ist damit zu rechnen, daß sie mit den wachsenden Fähigkeiten der Rechner in modernen Steuerungen in der Zukunft noch erheblich mehr angewendet werden und weitere Steigerungen der Arbeitsgenauigkeit der Maschinen bewirken.

Fachbegriffe

Abbe-Fehler Meßabweichung, die durch ungerade Führungsbahnen und durch den seitlichen Abstand zwischen Werkzeugeingriff und Maßstab verursacht wird.

Abtastfrequenz Zahl der Signalperioden pro Sekunde. Die maximale A. begrenzt die Geschwindigkeit inkrementaler Meßsysteme.

Amplituden-Auswertung Verfahren zur Auswertung von Signalen aus dynamischer Abtastung, bei dem die Interpolation aufgrund der unterschiedlichen Amplituden zweier Wechselspannungen gleicher Frequenz erfolgt.

Ansprechschwelle Umkehrspanne unmittelbar nach Richtungsumkehr.

Abstandskodierte Referenzmarken Inkrementales Meßverfahren, bei dem aus dem ungleichen Abstand zwischen einer Reihe von Referenzmarken die absolute Position ermittelt wird.

Auflicht-Prinzip Photoelektrisches Abtastprinzip mit Reflexion zur Abtastung von Stahlmaßstäben.

AURODUR®-Teilung Stahlmaßstäbe mit Teilung aus Hartgold (HEIDENHAIN).

Code-Meßsystem ermittelt den Meßwert aus einer von einer Teilung abgelesenen Information ohne Zählung.

DIADUR®-Teilung Glasmaßstäbe mit Teilung aus äußerst verschleißfestem Chrom (HEIDENHAIN).

Drehgeber Winkelmeßgerät, wandelt die Drehung bzw. die Winkelposition einer Welle in elektrische Signale (inkremental oder codiert), meist in Verbindung mit einer Spindel zur Längenmessung verwendet.

Dual-Code Natürlicher Binär-Code, häufig verwendeter Code bei absoluten Meßsystemen.

Durchlicht-Prinzip Photoelektrisches Abtastprinzip für Teilungen auf Glas.

Dynamische Abtastung Abtastverfahren, bei dem Wechselspannungssignale konstanter oder nahezu konstanter Frequenz entstehen, deren Amplituden oder deren Phase weg- oder winkelabhängig sind.

Einbau-Drehgeber Drehgeber mit oder ohne eigene Lagerung, bestehend aus Baugruppen, die vom Maschinenhersteller montiert werden.

Exzentrizitätsfehler Meßabweichung eines Drehgebers aufgrund einer exzentrischen Anordnung der Teilung.

Genauigkeitsklasse Qualitätsmerkmal, gibt die maximal zulässige Meßabweichung innerhalb eines bestimmten Meßbereichs (z. B. 1 m) an.

Gitter-Interferometer Interferentielles Meßsystem, bei dem z. B. ein Phasengitter als Maßverkörperung dient und Abtastsignale aufgrund von Interferenz entstehen.

Gray-Code meist verwendeter einschrittiger Code (bei jedem Meßschritt wechselt nur ein Codesignal).

Heterodyne-Laser Zweifrequenz-Laser, meist bei Laser-Interferometern verwendet (HP, Zygo).

Inductosyn® Induktives Meßsystem mit mäanderförmigen elektrischen Leiterbahnen (INDUCTOSYN DIV. FARRAND IND. INC.).
Inkrementales Meßsystem Meßverfahren, bei dem die Meßgröße durch Summierung (Zählung) von Inkrementen (Meßschritten) gebildet wird.
Integrierte Kupplung In Drehgebern oder Winkelmeßsystemen eingebaute, vorteilhaft statorseitig angeordnete Kupplung.
Interferentielles Meßsystem Photoelektrisches Meßsystem, bei dem ein Maßstab aufgrund der Beugung am Teilungsgitter abgetastet wird und Abtastsignale durch Interferenz erzeugt werden (siehe auch Gitter-Interferometer).
Interpolation Verfahren zur Erzeugung von Meßschritten, die kleiner sind als ein Viertel der Periode der Abtastsignale.
Laser-Interferometer Sehr genaues Längenmeßsystem, häufig zur Vermessung von Maschinen benutzt; die Wellenlänge des Helium-Neon Lasers dient als Teilung.
Meßgerät Besteht aus Maßverkörperung und Abtasteinheit (Aufnehmer, Sensor).
Meßsystem Besteht aus Meßgerät und Elektronik (einschl. Interpolation, Zähler, Anzeige und/oder Datenschnittstelle).
Moiré-Prinzip Photoelektrisches Abtastverfahren zur Erzeugung von periodischen Signalen mittels zweier feiner Teilungen, die etwa gleiche Periode haben und parallel zueinander und in geringem Abstand angeordnet sind.
Multiturn-Drehgeber Codierter Drehgeber, der neben der Winkelposition der Welle auch die Zahl der Wellenumdrehungen ausgibt.
Phasen-Auswertung Verfahren zur Interpolation von Wechselspannungen variabler Frequenz.
Phasengitter-Maßstab Maßstab mit Stufengitter-Teilung, die Lichtwellen beim Durchgang oder bei Reflexion in 2 oder mehr Beugungsordnungen aufteilt.
Radiant Einheit des Winkels. Winkel, dessen Kreisbogenlänge gleich dem Kreisradius ist.
Referenzimpuls Von einer →Referenzmarke erzeugtes Rechtecksignal, meist 1 Meßschritt breit, zur Festlegung eines absoluten Bezugs bei einem inkrementalen Meßsystem.
Referenzmarke Teilungsmuster zur Erzeugung einer einzelnen Signalspitze für die Festlegung eines absoluten Bezugs bei einem inkrementalen Meßsystem.
Refraktometer Einrichtung zur Messung der Brechzahl der Luft, zur Ermittlung der Wellenlänge eines Laser-Interferometers.
Resolver Induktives Winkelmeßgerät, erzeugt 2 Wechselspannungen mit winkelabhängiger Amplitude.
Richtungsdiskriminator Teil eines Vor-Rückwärts-Zählers, in dem die Zählrichtung bestimmt wird.
Rund-Inductosyn Winkelmeßsystem nach dem induktiven Meßprinzip (s. Inductosyn).
Statische Abtastung Abtastverfahren, bei dem periodische Signale erzeugt werden, deren Periode (und Bruchteile davon) einem bestimmten Weg oder Winkel entsprechen.

Systematischer Fehler Meßabweichung, die beliebig reproduzierbar ist und daher rechnerisch korrigiert werden kann.
Torsionsfederkonstante Drehsteifigkeit einer Präzisionskupplung, maßgebend für die Umkehrspanne eines Drehgebers.
Trägerfrequenzverfahren Abtastverfahren, hauptsächlich bei magnetischen und induktiven Meßverfahren (siehe dynamische Abtastung).
Umkehrspanne Meßabweichung einer Position beim Anfahren aus unterschiedlicher Richtung.
Zufälliger Fehler Meßabweichung, die nicht reproduzierbar ist und nicht korrigiert werden kann.

Literatur

1 DIN 1301.

2 DIN 1319

3 DIN 2268

4 DIN 32876

5 Ernst, A.: »Längenmeßsysteme für Werkzeugmaschinen«, Maschinenmarkt 93 (1987) 21, S. 60–64 und S. 29.

6 Ernst, A.: »Drehgeber als hochgenaue Weg- und Winkelmeßsysteme«, Feinwerktechnik & Meßtechnik 5/1987, S. 304–310.

7 Ernst, A.: »Digitale Positionssysteme für Längen und Winkel«, VDI Bericht 659, 1987.

8 Ernst, A.: »Längenmessung im Sub-Mikrometer-Bereich«, Precision Nr. 1/1988.

9 Bremer, J. G.: »Linearmeßsystem für Werkzeugmaschinen«, ZWF 75 (1980) 8 S. 351–355.

10 Druckschrift Fa. Sony.

11 HP 5527A Laser Position Transducer System, Druckschrift der Hewlett-Packard Co., März 1988.

12 Axiom 2/20, Druckschrift der Fa. Zygo Corp., 1986.

13 VDI Bericht 548, Dokumentation Laserinterferometrie in der Längenmeßtechnik, 1985.

14 Mitteilung der Fa. Moore Special Tools, Bridgeport, Mass.

15 Ernst, A.: »Luftgelagerte Meßeinrichtungen für die Kontrolle von Längen- und Winkelmeßsystemen«, Feinwerktechnik & Meßtechnik 88 (1980) 7 S. 339–342.

Der Partner dieses Buches: HEIDENHAIN